U0690468

安徽省"十四五"高等职业教育规划教材

信息技术项目化教程

XINXI JISHU XIANGMUHUA JIAOCHENG

主　编　蔡冠群　张小奇
副主编　王　玉　潘　文　何学成

新形态
教材

中国教育出版传媒集团
高等教育出版社·北京

内容提要

本书是安徽省首批"十四五"高等职业教育规划教材,是安徽省省级精品课程配套教材。

本书依据《高等职业教育专科信息技术课程标准(2021年版)》的要求编写而成,内容全面且结构清晰,共分为七个项目:WPS文字、WPS表格、WPS演示、信息检索、新一代信息技术概述、信息素养与社会责任,以及AI工具。本书采用项目化编写方式,将理论知识与实践操作紧密结合,覆盖办公应用、信息技术基础及前沿探索等多个领域,构建了系统化的信息技术知识体系。

本书配套微课、操作视频、拓展阅读、PPT课件、习题及答案等丰富的数字资源,并精选其中具有典型性、实用性的资源,以二维码方式呈现在书中,供读者扫码观看。

本书既可作为高等职业院校信息技术基础课程的教材,也可作为全国计算机等级考试一级计算机基础及WPS Office应用科目的培训教材,还可作为自学信息技术的企业工作人员的参考书。

图书在版编目(CIP)数据

信息技术项目化教程 / 蔡冠群,张小奇主编.
北京：高等教育出版社,2024.9(2025.7重印). -- ISBN 978-7-04
-062816-6
 Ⅰ. TP3
中国国家版本馆 CIP 数据核字第 2024JB6111 号

策划编辑 万宝春	责任编辑 程福平 万宝春	封面设计 张文豪	责任印制 高忠富

出版发行	高等教育出版社	网　　址	http://www.hep.edu.cn
社　　址	北京市西城区德外大街 4 号		http://www.hep.com.cn
邮政编码	100120	网上订购	http://www.hepmall.com.cn
印　　刷	上海叶大印务发展有限公司		http://www.hepmall.com
开　　本	787mm×1092mm　1/16		http://www.hepmall.cn
印　　张	16.25		
字　　数	375 千字	版　　次	2024 年 9 月第 1 版
购书热线	010-58581118	印　　次	2025 年 7 月第 3 次印刷
咨询电话	400-810-0598	定　　价	40.00 元

本书如有缺页、倒页、脱页等质量问题,请到所购图书销售部门联系调换

版权所有　侵权必究
物 料 号　62816-00

配套学习资源及教学服务指南

 二维码链接资源

本书配套微课、操作视频、拓展阅读等学习资源,在书中以二维码链接形式呈现。手机扫描书中的二维码进行查看,随时随地获取学习内容,享受学习新体验。

打开书中附有二维码的页面 **扫描二维码** **查看相应资源**

 教师教学资源索取

本书配有课程相关的教学资源,例如,教学课件、教案、任务相关素材等。选用教材的教师,可扫描下方二维码,关注微信公众号"高职智能制造教学研究",点击"教学服务"中的"资源下载",或电脑端访问地址(101.35.126.6),注册认证后下载相关资源。

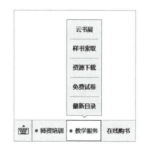

★如您有任何问题,可加入职业教育数学教师交流QQ群:820859236。

前　言

本书是安徽省首批"十四五"高等职业教育规划教材,是安徽省省级精品课程配套教材。

在当今时代,信息化进程正以前所未有的速度加速推进,信息技术已成为推动社会发展的重要力量,办公软件作为数字化、网络化、智能化发展的重要载体,已经渗透到生产、生活的方方面面,成为推动社会进步和发展的重要力量。随着云计算、大数据、人工智能等技术的不断进步,办公软件的功能和应用场景也在不断扩展,使得工作效率得到极大提升,同时也改变着人类的工作方式。办公软件无疑已经成为人类生活和工作的重要组成部分,是推动社会进步和发展的重要工具。

随着国家对于信息化的日益重视,学生的信息技术教育也被提升到了前所未有的高度。党的二十大报告深刻指出,教育、科技、人才是全面建设社会主义现代化国家的基础性、战略性支撑。必须坚持科技是第一生产力、人才是第一资源、创新是第一动力。国家对于信息技术的重视程度不断提升,这也对学生的信息素养提出了新的要求。

WPS Office 作为一款具有自主知识产权、功能全面、操作便捷的国产办公软件套件,是一个致力于提升全民信息素养、推动信息技术应用与创新、培养新时代高素质人才的综合平台。在当今数字化时代,WPS Office 以其丰富的功能和直观的操作界面,大大降低了办公软件的使用门槛,使得更多人能够轻松掌握数字化办公技能。这不仅有助于提升国民的信息技术水平,也为社会培养了一大批具备数字化素养的人才。

本书依据《高等职业教育专科信息技术课程标准(2021 年版)》的要求精心编写而成,内容全面且结构清晰,共分为七个项目:WPS 文字、WPS 表格、WPS 演示、信息检索、新一代信息技术概述、信息素养与社会责任,以及 AI 工具。本书采用项目化编写方式,设计了一系列实操任务,旨在使学生在解决实际问题的过程中,逐步掌握 WPS Office 的核心技能,更好地适应未来职场的需求,符合现代职业教育的发展趋势。例如,在项目二"WPS

表格"中,以学生在实际企业中可能遇到的工作岗位内容为主线,精心设计了三个与实际应用场景紧密相连的任务:制作员工信息表,员工工资表数据处理,以及员工工资表数据统计与分析。这三个任务不仅涵盖了 WPS 表格的基本操作,还深入数据管理和分析的高级应用,充分体现了职业教育的实用性和针对性特点。

近年来,国家高度重视人工智能技术的发展,出台了一系列政策文件,如《新一代人工智能发展规划》等,项目七"AI 工具"紧跟时代发展的步伐,符合国家在人工智能领域的发展战略。通过该项目的实施,可以帮助学生掌握 AI 工具的使用和开发能力,提升个人职业竞争力,更好地适应未来社会的需求和发展趋势,为经济社会发展贡献自己的力量。同时,也有助于推动人工智能技术的普及和应用推广,促进科技创新和产业升级。

本书配套资源丰富,建设了微课、操作视频、拓展阅读、教案、PPT 课件、习题及答案等类型丰富的数字资源,学生通过手机扫描嵌入教材各项目内的二维码,即可在线进行学习。

本书由宣城职业技术学院蔡冠群、张小奇担任主编,由宣城职业技术学院王玉、潘文、何学成担任副主编,参与本书编写的还有宣城职业技术学院裴云霞、吴迪、胡敏、蔡小爱、刘训星、汪青华、柏兵、苏文明、胡子怡、于中海、王利、许艳,科大讯飞股份有限公司孙亮和江苏中教科信息技术有限公司侍大明。本书通过校企合作进行开发,将企业最前沿的技术、管理理念和市场需求深层次地融入教学内容,实现教育与产业的无缝对接。

由于编写时间仓促和水平有限,书中难免存在疏漏和不足之处,恳请广大专家和读者批评指正,以便不断完善和提高。

编 者

目　录

项目一　WPS 文字

 学习导读

在计算机或其他电子设备上撰写或存储的文稿，称为电子文档，简称文档。文档可以综合呈现文字、图像、表格等信息。文档处理是信息化办公的重要组成部分，广泛应用于人们日常生活、学习和工作的方方面面。掌握文档处理的相关知识，有助于更加高效地处理和管理文档，提高学习和工作效率。本项目包含文档的基本编辑、图片的插入和编辑、表格的插入和编辑、样式与模板的创建和使用、多人协同编辑文档等内容。

目前，主流的文档处理应用软件有 WPS Office 的文字组件（以下简称"WPS 文字"）与微软 Office 软件的 Word，这两者在工具栏和某些功能按钮的设置上几乎一致，因此两款软件在操作上非常类似。本项目主要介绍 WPS 文字在文档处理中的应用。

本书使用的 WPS Office 版本为 12.1.0.15374。

 学习目标

知识目标：
✧　了解文档的基本构成。
✧　熟悉文档的基本操作。
✧　熟悉图文混排和文档美化的技巧。

技能目标：
✧　掌握 WPS 文字的基本操作，如打开、复制、保存等。
✧　掌握文本编辑、文本查找和替换、段落的格式设置等操作。
✧　掌握在文档中插入和编辑表格、对表格进行美化处理等操作。
✧　掌握图片、图形、艺术字等对象的插入、编辑和美化等操作。

素质目标：
✧　培养独立思考的能力。
✧　培养创新意识和创新能力。
✧　培养审美能力，提升美感。

任务 1.1　制作迎新晚会通知

【任务描述】

　　小王同学经过刻苦学习,考上了心仪的大学。9 月份,小王同学开开心心带着行李来到向往的大学,开启了精彩的大学生活。初入校园,他对一切充满着期待。近期,学校正计划举办一场迎新晚会,以迎接新入学的同学们,为了确保活动的顺利进行,需要若干名志愿者协助本次活动。小王同学积极响应号召,申请并成为一名志愿者,负责本次迎新晚会通知的制作和发布。小王同学将使用 WPS 文字来完成这项任务,他制作的迎新晚会通知效果如图 1-1 所示。

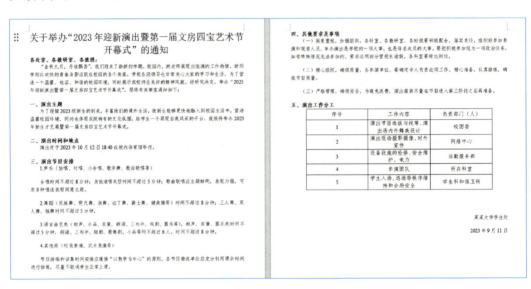

图 1-1　迎新晚会通知效果

【任务分析】

一、任务目标

　　创建一个文档,编辑迎新晚会通知并对其进行排版。通知需要包含:晚会的主题、时间和地点、节目安排、其他要求及注意事项、工作分工等内容。

二、需求分析

　　(1)编辑迎新晚会通知,确保内容完整。

（2）设计通知的布局和样式，使其易于阅读、排版美观。

（3）设计文档中的表格，使通知内容简洁明了。

三、注意事项

（1）确保晚会通知内容准确无误。

（2）确保文档排版合理，美观易读。

【知识准备】

一、WPS 界面布局

WPS 文字的界面布局相对简洁，主要包括菜单栏、功能区、编辑区和状态栏四个部分。菜单栏提供了各种功能选项，功能区包含了常用的操作按钮，编辑区是用于输入和编辑文字的区域，状态栏显示了当前文档的部分基本信息，如图 1-2 所示。

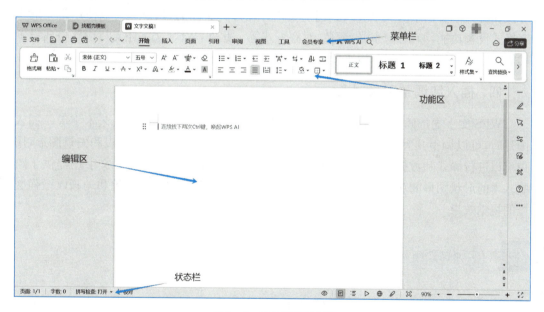

图 1-2　WPS 界面布局

二、WPS 文字中文档的新建、打开、保存、定时备份

WPS 文字中文档的新建、打开、保存以及自动保存功能，为用户提供了便捷且灵活的文档管理体验。

新建文档：打开 WPS 文字，单击菜单栏中的"文件"选项，在下拉菜单中选择"新建"，即可创建一个全新的空白文档。

打开文档：单击菜单栏中的"文件"选项，然后选择"打开"，在弹出的文件浏览器中找到并选中想要打开的文档，最后单击"打开"按钮即可。此外，WPS 文字还支持以下两种打开方式：直接拖放文件到应用程序窗口，或双击文件打开文档。

　　保存文档：在编辑完文档后，用户需要保存文档以保留更改。在WPS文字中，可以通过单击菜单栏中的"文件"选项，然后选择"保存"或"另存为"来保存文档。如果选择"保存"，文档将以其当前的文件名和路径保存。如果选择"另存为"，则会弹出一个对话框，让用户选择新的保存路径和文件名。

　　定时备份：WPS文字还提供了定时备份功能，以防止用户在编辑过程中因意外情况（如程序崩溃或电脑断电）而丢失已编辑的文档内容。用户可以在菜单栏中选择"文件"，然后单击"选项"进入设置界面。在设置界面中，单击"备份中心"选项进入"备份中心"界面，单击"本地备份设置"打开"本地备份配置"对话框，在该对话框中，用户可以根据需要选择备份类型，包括"智能模式""定时备份""增量备份"等，如选择"定时备份"类型，还可以进一步设置备份的时间间隔。

三、文字的输入与编辑

　　在WPS文字中编辑文档时，用户可以直接在编辑区输入文字，也可以通过复制、粘贴等操作将其他文档中的文字导入到当前文档。在编辑文档的过程中，可以使用常见的文字格式设置功能，如字体、字号、颜色、对齐方式等。此外，WPS文字还支持段落格式设置功能，如缩进、行距、编号等，以方便用户对文档进行排版。

四、插入和调整图形对象

　　WPS文字支持插入不同类型的图形对象，如图片、图表、矢量图形、艺术字等。插入图片时，可以调整其大小、设置边框以及选择文字环绕方式等。对于图表和矢量图形，用户可以进行样式和数据的编辑，以便于数据的展示和分析。此外，WPS文字还提供了绘制基本的形状图形的功能，如绘制线条、矩形、圆形等，并且可以应用特效和动画以增强文档的视觉效果。

●操作视频

制作迎新
晚会通知

【任务实施】

步骤1：新建并保存"迎新晚会通知"文档

1. 新建文档

　　找到"文件"选项，单击"新建"按钮，在打开的"新建"选项卡中选择"文字"选项（图1-13a），选择"空白文档"选项（图1-13b），如图1-3所示。系统将新建名为"文字文稿1"的空白文档。

2. 保存并命名文档

　　（1）选择"文件→另存为→WPS文字 文件（＊.wps）"选项。

　　（2）在"另存为"对话框中选择具体的文件存放路径，在"文件名称"文本框中输入文档的名称"迎新晚会通知"，在"文件类型"下拉列表框中选择"WPS文字 文件（＊.wps）"选项，然后单击"保存"按钮，如图1-4所示。

（a）选择"文字"选项

（b）选择空白文档选项

图 1-3　新建文档

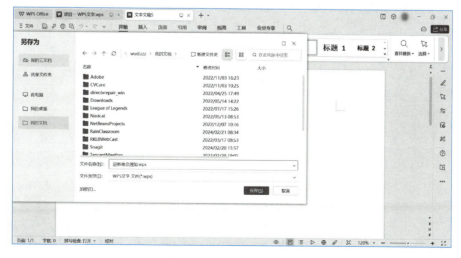

图 1-4　"另存为"对话框

双击打开 WPS 文字文件"迎新晚会通知-原稿. wps"，将光标置于文档的开头，按组合键 Ctrl＋A 全选文档内容，再按组合键 Ctrl＋C 复制内容；切换到 WPS 文字文件"迎新晚会通知. wps"，按组合键 Ctrl＋V 粘贴内容，效果如图 1-5 所示。

图 1-5　编辑文档内容

单击菜单栏的"页面"选项卡，找到并单击"页边距"按钮（图 1-6a），在弹出的下拉框中选择"自定义页边距"，打开"页面设置"对话框（图 1-6b）。

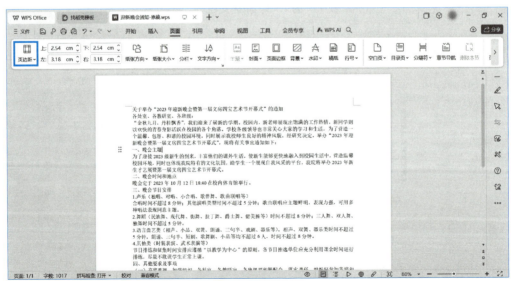

(a)"页边距"按钮

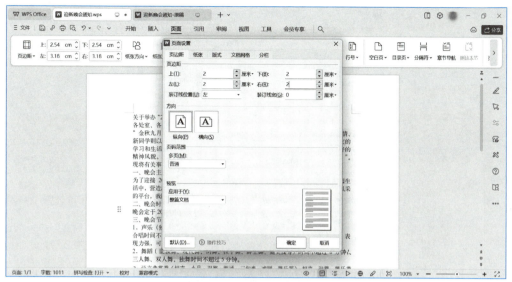

（b）"页面设置"对话框

图 1-6　设置"迎新晚会通知"文档页面

单击"页边距"选项卡，将"页边距"组中的"上""下""左""右"均设置成"2 厘米"，单击"确定"按钮，完成页面设置，效果如图 1-7 所示。

图 1-7　页边距设置效果

步骤 4：设置"迎新晚会通知"文档字体

1. 设置标题字体

（1）将光标置于标题前，长按鼠标左键拖曳至标题尾选中标题；在菜单栏的"开始"选项中找到"字体"功能区，单击 按钮，打开"字体"对话框，如图 1-8 所示。

图 1-8　"字体"对话框

（2）在"中文字体"栏选择"宋体"，在"字号"栏选择"一号"，单击"确定"按钮完成标题字体设置，效果如图 1-9 所示。

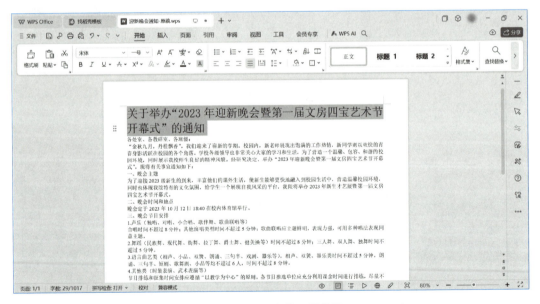

图 1-9　标题字体设置效果

2. 设置小标题字体

（1）在菜单栏的"开始"选项中，找到"样式和格式"功能区，单击 按钮，打开"样式和格式"窗格，如图 1-10 所示。

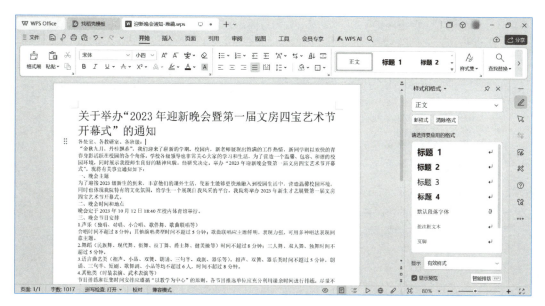

图 1-10　"样式和格式"窗格

（2）单击"新样式"，打开"新建样式"对话框。在"格式"组中设置字体和字号为"仿宋""小三"，单击 **B** 按钮加粗字体；在"名称"文本框中标注此样式为"小标题"，单击"确定"按钮保存设置，如图 1-11 所示。

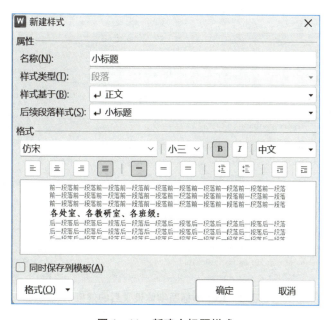

图 1-11　新建小标题样式

（3）将光标置于"各处室、各教研室、各班级："内容前，长按鼠标左键拖曳选中该内容，在"样式和格式"窗格内，找到"请选择要应用的格式"，单击"小标题"，完成小标题字体设置，效果如图 1-12 所示。

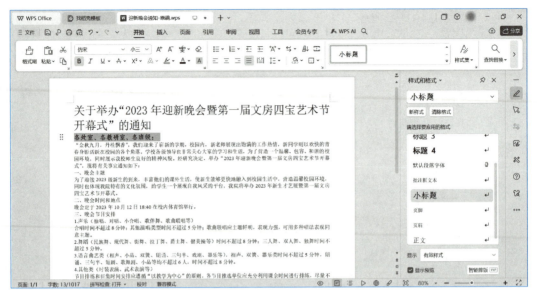

图1-12　小标题字体设置

（4）按照步骤（3）的操作流程，依次在文档中完成所有小标题字体设置，效果如图1-13所示。

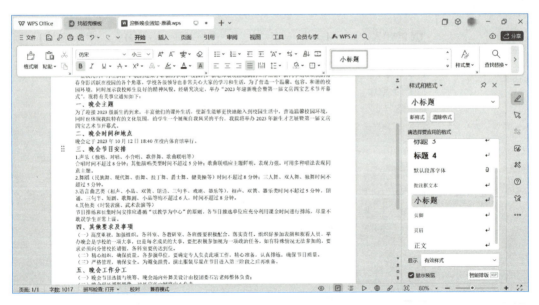

图1-13　小标题字体设置后的效果

3. 设置正文字体

（1）打开"样式和格式"窗格，设置正文字体，如图1-14所示。

（2）单击"新样式"，打开"新建样式"对话框。在"格式"栏内设置字体和字号为"仿宋""13.5"；在"名称"文本框中标注此样式为"新建正文"，在"后续段落样式"中选择

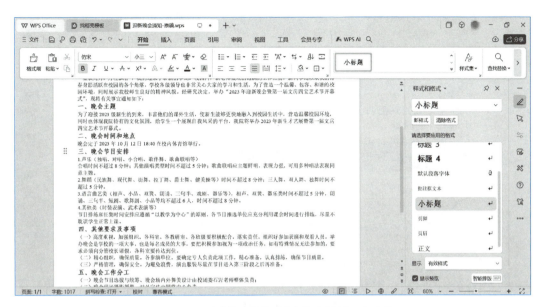

图 1‑14　在"样式和格式"窗格中设置正文字体

新建正文，单击"确定"按钮保存设置，如图 1‑15 所示。

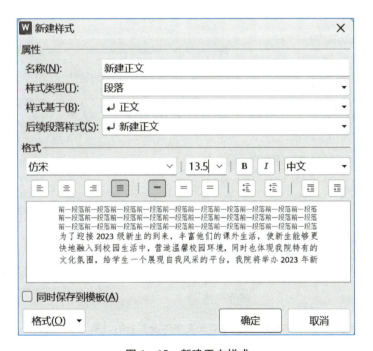

图 1‑15　新建正文样式

（3）将光标置于"金秋九月，丹桂飘香"内容前，长按鼠标左键拖曳选中该内容，在"样式和格式"窗格内找到"请选择要应用的格式"，单击"新建正文"，完成正文字体设置，效果如图 1‑16 所示。

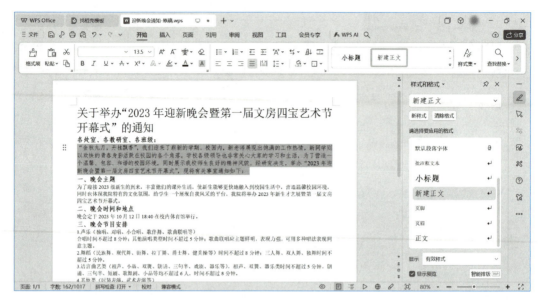

图1-16　正文字体设置

（4）按照步骤(3)的操作流程，依次在文档中完成所有正文字体设置，效果如图1-17所示。

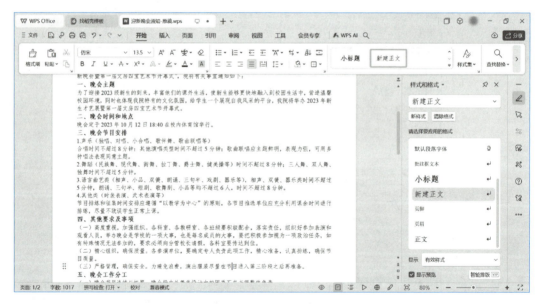

图1-17　所有正文字体设置后的效果

步骤5：设置"迎新晚会通知"文档段落

1. 设置对齐方式

（1）将光标置于标题前，在"段落"功能区，单击 三 按钮，完成居中对齐设置，效果如图1-18所示。

图 1-18　标题居中对齐的效果

（2）将光标置于"某某大学学生处"前，长按鼠标左键拖曳至"2023 年 9 月 11 日"并选中该内容。单击 ≡ 按钮，完成右对齐设置，效果如图 1-19 所示。

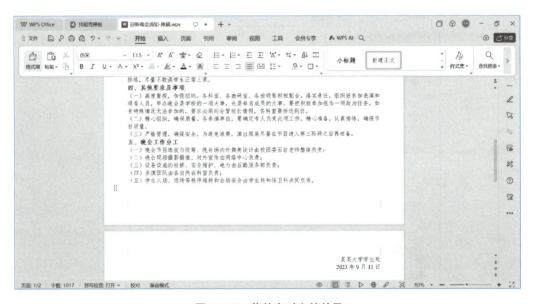

图 1-19　落款右对齐的效果

2. 设置正文段落格式

（1）在菜单栏的"开始"选项找到"样式和格式"功能区，单击 按钮，打开"样式和格式"窗格，如图 1-20 所示。

（2）单击"样式和格式"窗格中"新建正文"后的 ⌄ 按钮，在下拉框中选择"修改"按钮，打开"修改样式"对话框，如图 1-21 所示。

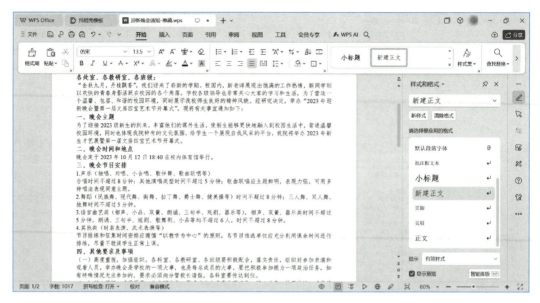

图 1-20 "样式和格式"窗格

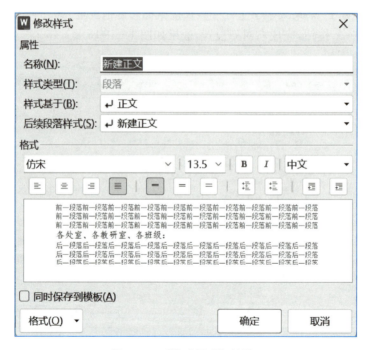

图 1-21 "修改样式"对话框

（3）单击"修改样式"对话框左下角"格式"按钮，在弹出的选项卡中选择"段落"。在"缩进和间距"子选项的"常规"功能区中，找到"对齐方式"，选择"两端对齐"；在"缩进"功能区中找到"特殊格式"，选择"首行缩进"，"度量值"设为"2字符"；在"间距"功能区中找到"段后"，选择"15磅"，在"行距"中选择"多倍行距"，"设置值"设为"1.2倍"，单击"确定"按钮完成设置，如图 1-22 所示。

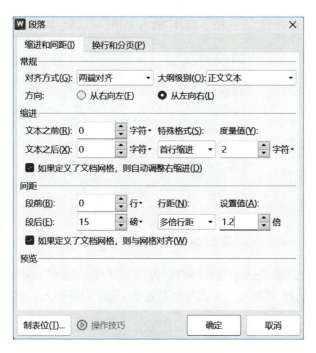

图 1‑22　正文段落设置

（4）将光标置于正文段落前，单击"新建正文"按钮，完成段落设置，效果如图 1‑23 所示。

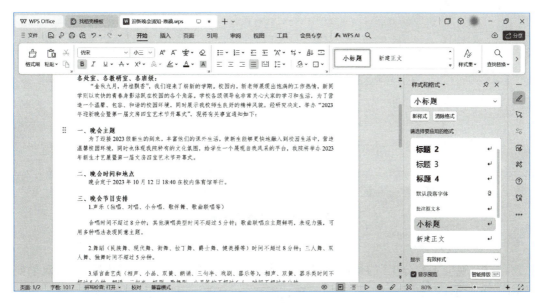

图 1‑23　段落设置后的效果

步骤 6：设计"迎新晚会通知"表格

1. 插入表格

（1）将光标置于"五、晚会工作分工"后，单击菜单栏中的"插入"按钮，打开"插入"功能区;单击 按钮,选择"插入表格",打开"插入表格"对话框,如图 1 - 24 所示。

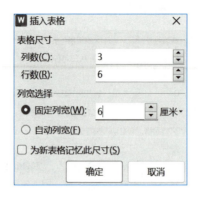

图 1 - 24　"插入表格"对话框

(2) 在"表格尺寸"功能区中设置"列数"为"3"、"行数"为"6",在"列宽选择"功能区中单击"固定列宽"并选择"6 厘米",单击"确定"按钮,完成表格插入,效果如图 1 - 25 所示。

图 1 - 25　插入表格效果

2. 编辑表格内容

分析"晚会工作分工"的具体内容,将文本填充到表格内,完成表格内容设计,效果如图 1 - 26 所示。

3. 设置表格格式

(1) 单击表格左上角的 ⊕ 按钮选中表格,右击表格,在弹框中选择"表格属性",打开"表格属性"对话框,如图 1 - 27 所示。

(2) 在"表格"子选项的"对齐方式"功能区中选择"居中";在"行"子选项的"尺寸"功能区中设置"指定高度"为"1 厘米";在"列"子选项的"尺寸"功能区中设置"指定宽度"为

图 1-26　表格内容设计

图 1-27　"表格属性"对话框

"6 厘米";在"单元格"子选项的"垂直对齐方式"功能区中选择"居中",单击"确定"按钮完成设置。

（3）单击表格左上角的 <svg> 按钮选中表格,在菜单栏的"开始"选项"段落"组,单击 <svg> 弹出"段落"对话框。在"缩进和间距"子选项的"常规"功能区中找到"对齐方式",选择"居中对齐",单击"确定"按钮完成设置。

（4）单击表格左上角的 <svg> 按钮选中表格,在菜单栏的"开始"选项找到"字体"功能区,单击 B 按钮取消字体加粗,表格效果如图 1-28 所示。

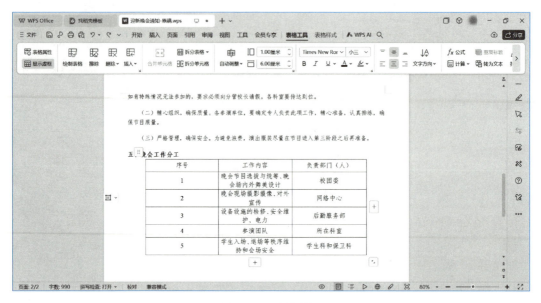

图 1-28　表格效果

步骤 7：美化"迎新晚会通知"排版

根据上述操作流程，小王同学已将迎新晚会通知的初稿完成。但是在提交给老师之前，他发现"四、其他要求及事项"内容后的正文出现在两页中，文档不够美观。于是，小王同学对这部分内容的排版进行美化。

将光标置于"四、其他要求及事项"前，单击菜单栏中的"插入"按钮，打开"插入"功能区；单击 分页 按钮，插入"分页符"，效果如图 1-29 所示。

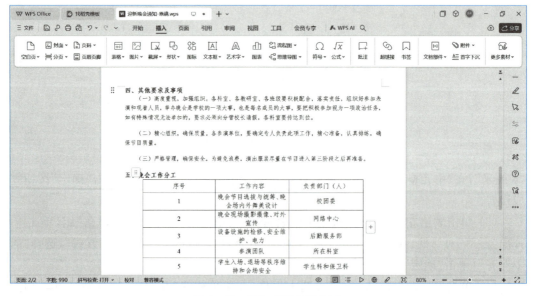

图 1-29　插入分页符的效果

【拓展提升】

文本查找和替换

WPS 文字的查找和替换功能为用户提供了快速定位、修改文档内容的便捷方式。查找功能对于需要频繁搜索文档中特定内容的用户非常方便，可以快速地定位到所需内容，节省了大量的时间和精力。替换功能对于需要批量替换文档中的特定内容的用户非常有用，可以快速、准确地完成替换工作，从而提高工作效率。WPS 文字为查找和替换功能设置了快捷键，用户可以通过组合键 Ctrl+F 或 Ctrl+H 快速打开"查找和替换"对话框。

查找功能：用户在菜单栏的"开始"选项中单击"查找替换"→"查找"，然后输入要查找的内容，单击"查找下一处"，即可在文档中定位到所有匹配的单词或短语。

替换功能：当用户搜索到需要替换的内容后，只需单击"替换"按钮，输入要替换的内容，单击"替换"或"全部替换"，即可将搜索到的内容逐个替换成指定的内容。

查找和替换功能操作在"迎新晚会通知.wps"文件的演示，目标是查找出"迎新晚会通知.wps"中所有的"晚会"字样，并替换成"演出"字样。

1. 查找"晚会"字样

（1）将光标置于文档任意位置，在菜单栏的"开始"选项中单击"查找替换"按钮，在下拉框中选择"查找"，或直接按组合键 Ctrl+F，打开"查找"对话框，如图 1-30 所示。

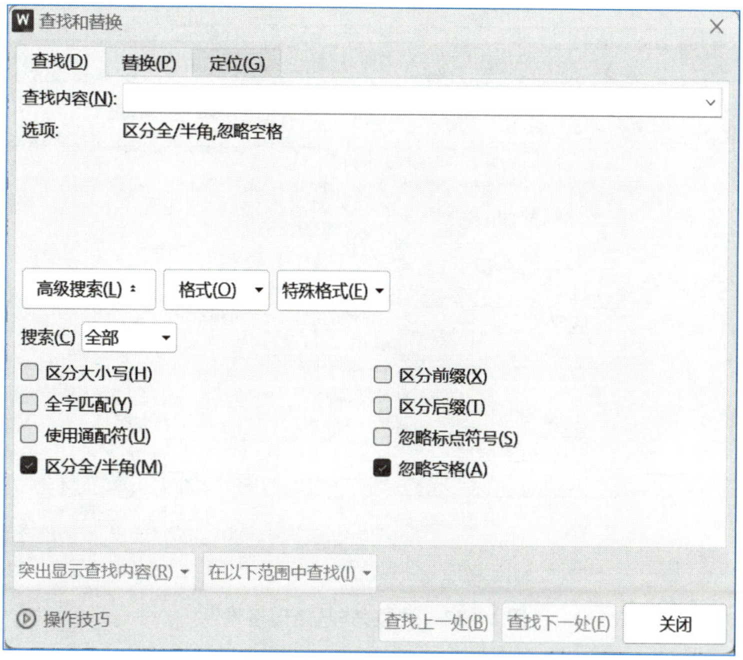

图 1-30　"查找"对话框

（2）在"查找内容"中输入待查找内容"晚会"，单击"查找下一处"或"查找上一处"按钮，按顺序在文档内查找"晚会"字样，并使相关字样处于选中状态，效果如图 1‑31 所示。

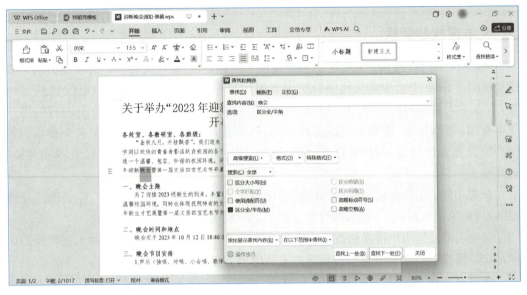

图 1‑31　在文档中查找"晚会"字样

（3）当单击"查找上一处"按钮直至选中文档中第一个"晚会"时，继续单击"查找上一处"按钮，则会弹窗提示"是否从结尾搜索"，单击"确定"按钮，则查找到文档中最后一个"晚会"，效果如图 1‑32 所示。

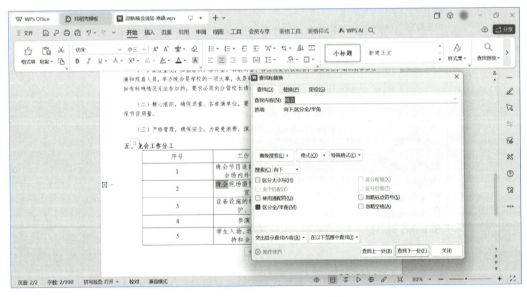

图 1‑32　调整为"从结尾搜索"

（4）当单击"查找下一处"按钮直至选中文档中最后一个"晚会"时，继续单击"查找下一处"按钮,则会提示"是否从开头搜索",单击"确定"按钮,则查找到文档中第一个"晚会"。

2. 替换"晚会"为"演出"字样

（1）将光标置于文档任意位置,在菜单栏的"开始"选项单击"查找替换"按钮,在下拉框中选择"替换",或直接按组合键 Ctrl＋H,打开"替换"对话框,此时"查找内容"中显示上一步中查找的"晚会"字样,效果如图 1－33 所示。

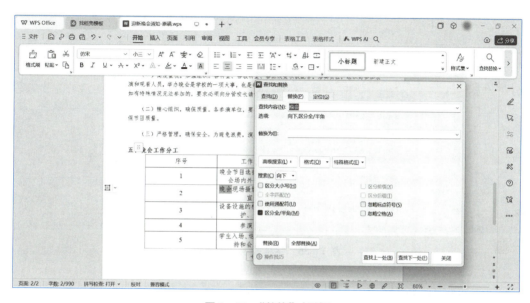

图 1－33　"替换"对话框

（2）在"替换为"中输入目标字样"演出",单击"全部替换"按钮,完成内容替换,效果如图 1－34 所示。

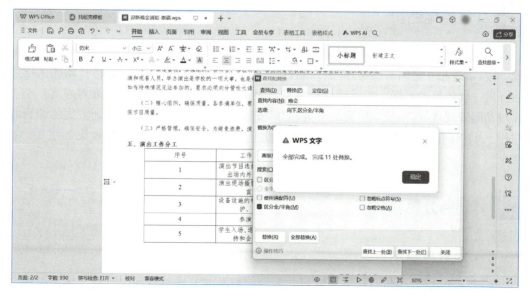

图 1－34　字样替换成功

（3）浏览并检查"迎新晚会通知"全文，"晚会"字样全部替换成"演出"字样，效果如图 1-35 所示。

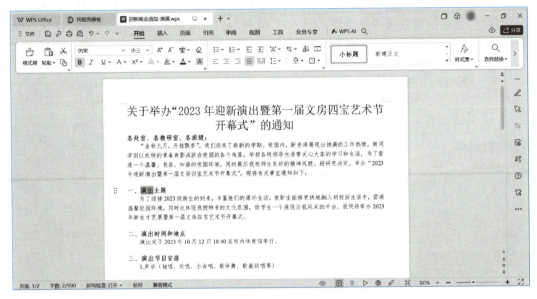

图 1-35　字样替换后的效果

任务 1.2　制作迎新晚会策划方案

【任务描述】

学校计划举办一场迎新晚会，以迎接新入学的同学们。这场活动旨在让全院师生共聚一堂，增进相互之间的感情，同时向新同学表达关心与期望，为他们即将开始的大学生活开启一个美好的开端。为了确保晚会的顺利开展，需提前做好相应的策划方案。小李在校期间表现优异，是校学生会的一员，老师安排他负责本次迎新晚会策划方案的编辑和制作。小李同学将使用 WPS 文字来完成此任务。迎新晚会策划方案效果如图 1-36 所示。

【任务分析】

一、任务目标

创建一个文档，编辑迎新晚会策划方案的内容并对其进行排版。策划方案需要包含封面、晚会目的、时间和地点、日程安排、晚会过程、工作组人员安排、预算等内容。

2023 年迎新晚会
暨第一届文房四宝艺术节开幕式

策

划

方

案

主办单位：某某大学

2023 年迎新晚会
暨第一届文房四宝艺术节开幕式
策划方案

一、晚会目的：

为了迎接 2023 级新生的到来，丰富他们的课外生活，帮助新生能够更快地融入校园生活，同时营造一个温馨校园的环境，并展示我院特有的文化氛围，提供一个让学生展现自我风采的平台，我院将举办 2023 年迎新晚会暨第一届文房四宝艺术节开幕式。

二、晚会名称："某某大学 2023 年迎新晚会暨第一届文房四宝艺术节开幕式"

三、晚会主题：闻文字之新象 传青春正能量

四、晚会时间：2023 年 10 月 12 日 18:40

五、晚会地点：校体育馆

六、前期筹备日程安排：

1. 第一次彩排暨节目筛选：9 月 25 日

2. 主持人选定、主持稿初定：9 月 27 日

3. 节目第二次彩排：9 月 30 日

4. 节目第三次彩排，确定节目顺序，主持人参与彩排，主持稿默定：10 月 11 日，确定领导、嘉宾名单

5. 正式开演：10 月 12 日 18:40

七、晚会过程安排：

（一）前期准备

1. 对各班下发通知，通知到位，强调迎新晚会的重要性（迎新时可以加以

强调）

2. 文娱部主要负责各班的节目排练视察，给出建议，加强不同年级之间交流

3. 晚会的座位安排：嘉宾席位、演员席位、新生席位

4. 晚会节目单设计、幕布设计、舞台设计

5. 印刷节目单、幕布，购买布置会场的材料、道具，及矿泉水

6. 三次节目彩排，在每个节目彩排之后就点评给出建议、表演注意事项。精调彩排，提高效率，最后内部工作人员总结彩排下来存在的问题，及时解决。

7. 迎新晚会礼仪人员安排、培训

8. 选拔主持人

9. 第三次彩排之后，开始安排最后的谢幕，每个节目的演员留十个左右到节目最后按顺序上场谢

10. 彩排场地的申请

（二）晚会当天安排

1. 中午 12:00 挂幕布

2. 14:00 开始场内布置

3. 16:00 之前视频设备就位（舞台右侧）

4. 17:00 音响、灯光就位

5. 18:00 演员节目开始签到，确认音乐；主持人、礼仪、工作人员就位；观众入场；分发节目单、气氛道具

6. 18:30 节目签到完毕，开场舞准备

7. 18:40 开场舞表演

8. 主持人宣布晚会正式开始，宣读到场领导、嘉宾名单，请领导讲话；进入晚会第一篇章

---

9. 第一篇章节目：玉师韵律

10. 互动环节：和现场观众玩游戏（以赞助的商品为奖品）

11. 第二篇章节目：编制青春

12. 互动环节

13. 第三篇章节目：我要的正能量

14. 主持人宣布晚会结束，所有演员进场

15. 演出人员与领导、老师合影

16. 工作人员整理会场

（三）晚会后期

1. 整理摄影资料，听取各方面意见做出总结

2. 新闻方面的后续报道

八、目前及幕后工作组人员安排

1. 节目组

组长：xxx

组员：xxx　　xxx

任务：（1）监督各节目的进程

　　　（2）对节目及时提出意见或建议，保证节目质量

　　　（3）核对各节目音乐

　　　（4）熟悉晚会节目的具体出场顺序并做好出场安排

2. 舞台组

组长：xxx

组员：就业服务部 学习部 测评部

任务：（1）挂幕布（12级、13级全体男生院干）、舞台设计及装饰

（2）联系xxx，晚会准备期间的设备装置及调试（音响、灯光、摄影、摄像、话筒）

3. 衔接组

组长：xxx

组员：女生部、心理部成员、资助部

任务：场下提前两个晚会进行催场，舞台幕后做好提醒工作，分发气氛道具、节目单给观众

4. 宣传组

组长：xxx

组员：xxx

任务：（1）可以通过贴海报、校园广播、口头宣传等营造气氛；

（2）幕布、节目单的设计与制作

（3）关于视频的播放以及晚会进行时舞台右侧大屏幕的正常投映

5. 会场秩序维持组

组长：xxx

组员：宿管会成员

任务：（1）演员、工作人员的签到

（2）维持舞台两侧及会场的秩序

6. 礼仪组

组长：xxx

组员：文工团礼仪队

任务：（1）挑选8个礼仪小组及培训

（2）晚会现场的礼仪服务

7. 化妆组

组长：xxx

组员：文工团化妆队

任务：熟悉晚会每个节目的具体出场顺序，负责演员出场的形象包装（服装、化妆、道具……）并做好及时卸妆换妆的准备，尽量在19:20之间完成演员的形象包装

8. 机动组

组长：xxx xxx

组员：学生会办公室、团委办公室、体育部等

任务：

（1）负责晚会观众进、出场的秩序维护工作、幕后秩序的维持，安排道具组人员在后台及时收拾舞台

（2）会场的后勤服务保障

（3）处理紧急情况，保证晚会取得圆满成功

9. 采购组

组长：xxx xxx

组员：组织部、社团管理部、团委办、青协

任务：提前购买好晚会所需物品做好晚会后勤工作

以上各组分工明确，但事完全分工，在工作中注意灵活、团结、高效的原则，及时调节协助各项工作的顺利的完成，确保各项晚会的完美落幕！

10. 清理会场

全体学生会干部

任务：将会场打打开来，桌椅摆回原位等

九、晚会要求

1. 晚会前各部门工作人员应相互熟悉，多多交流；

2. 鼓励晚会的工作人员大胆创新、献计献策、团队协作、奋力拼搏；

3. 每个干部应清楚自己负责的工作是什么，工作中相互分工合作，遇各类突发问题，有关方面应本着相互理解原则，友好协商解决；

4. 活动中各环节责任分清，晚会筹备组相在人员须带上工作证；

5. 活动中出现各种自己解决不了的问题，请及时找负责人；

6. 提醒大一新生注意当晚会场卫生，以上事项有不明白的地方请找负责人；

7. 晚会结束后每个工作人员应留下处理相应的后续工作；

8. 晚会结束后将对此次晚会的各项工作进行全面细致的总结。

十、经费预算

1	海报宣传	150元
2	节目单	100元
3	服装租赁	1200元
4	化妆品	700元
5	舞台形象设计与包装	1000元
6	音箱、灯光	650元
7	荧光棒、气球、哨子	300元
8	剪刀、胶带	20元
9	包装绳	10元
10	饮用水两箱	78元
11	礼炮	40元
	合计	4248元

经费来源：学院拨款及赞助

2023年9月3日

图1-36 迎新晚会策划方案的效果

二、需求分析

（1）编辑策划方案内容，确保内容完整。
（2）设计策划方案的封面和内容排版
（3）设计策划方案的布局和样式，使其易于阅读、排版美观。

三、注意事项

（1）确保晚会策划方案内容准确无误。
（2）确保文档排版合理，美观易读。

【知识准备】

（1）文档内容检查：检查策划方案内容，确保内容无误。
（2）文档页面设置：提前规划页面设置。
（3）文档字体设置：预先设计标题、正文的字体样式及大小。
（4）文档段落设置：提前设计段落设置的各个参数。
（5）文档表格设置：对策划书内的部分内容，为其设计一个表格，将内容体现在表格里。
（6）熟悉 WPS 文字的操作：包括如何新建文档、如何设置页边距、如何设置字体样式及大小、如何设置段落、如何插入表格等。

【任务实施】

●操作视频

制作迎新晚
会策划方案

步骤 1：新建并保存"迎新晚会策划方案"文档

1. 新建文档

找到"文件"选项卡，单击"新建"按钮，在打开的"新建"选项卡中选择"文字"选项（图 1-37a），选择"空白文档"选项（图 1-37b）。系统将新建名为"文字文稿 1"的空白文档。

(a) 选择"文字"选项

(b) 选择"空白文档"选项

图 1-37 新建文档

2. 保存并命名文档

（1）选择"文件→另存为→WPS 文字 文件（＊.wps）"选项，弹出"另存为"对话框。

（2）在"另存为"对话框中选择具体的文件存放路径，在"文件名称"文本框中输入文档的名称"迎新晚会策划方案"，在"文件类型"下拉列表框中选择"WPS 文字 文件（＊.wps）"选项，然后单击"保存"按钮，如图 1-38 所示。

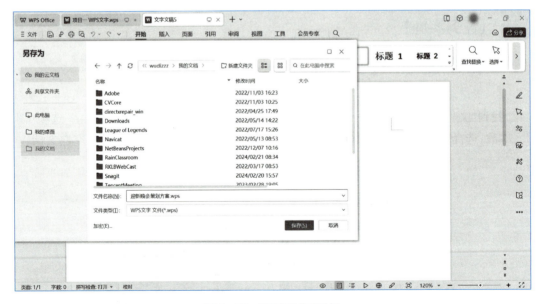

图 1-38 "另存为"对话框

步骤 2：编辑"迎新晚会策划方案"文档内容

双击打开 WPS 文字文件"迎新晚会策划方案－原稿.wps"，将光标置于文档的开头，按组合键 Ctrl＋A 全选文档内容，再按组合键 Ctrl＋C 复制内容后切换到 WPS 文字文件"迎新晚会策划方案.wps"，按组合键 Ctrl＋V 粘贴内容，效果如图 1－39 所示。

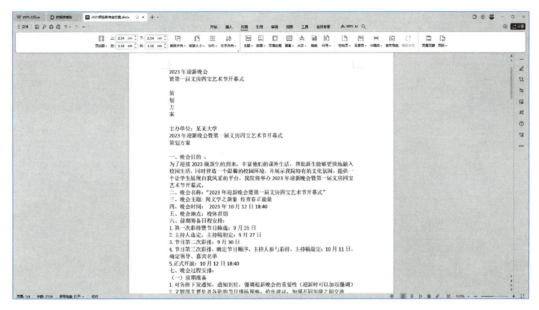

图 1－39　编辑文档内容

步骤 3：设置"迎新晚会策划方案"文档页面

（1）单击"页面"选项卡，找到"页边距"按钮并单击在弹出的下拉框中选择"自定义页边距"，打开"页面设置"对话框，如图 1－40 所示。

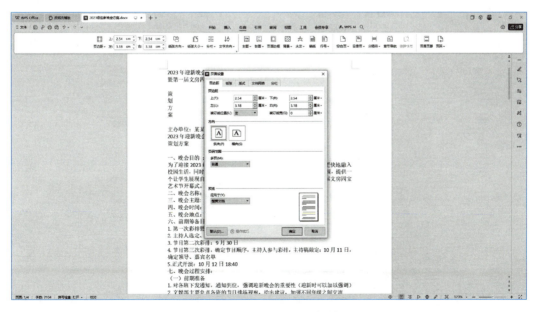

图 1－40　"页面设置"对话框

（2）单击"页边距"选项卡。将"页边距"组中的"上""下"均设置成"2.54 厘米"，"左""右"均设置成"3.18 厘米"，单击"确定"按钮，完成页面设置，效果如图 1-41 所示。

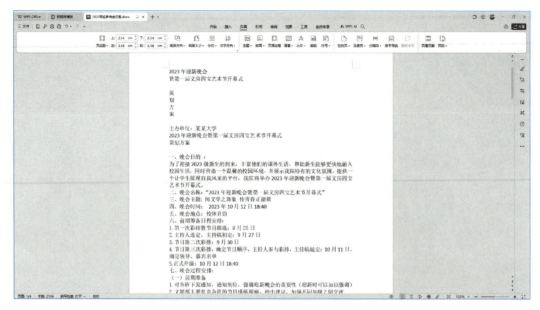

图 1-41　页边距设置效果

步骤 4：设置"迎新晚会策划方案"文档封面

（1）将光标置于标题前，长按鼠标左键拖曳至标题尾选中标题；在"开始"选项卡下找到字体功能区，单击 ⊡ 按钮打开"字体"对话框，如图 1-42 所示。

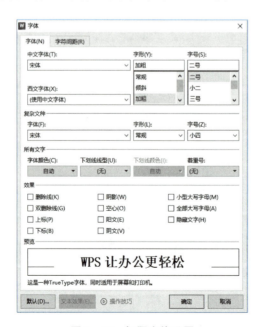

图 1-42　标题字体设置

（2）打开"字体"对话框，在"中文字体"栏选择"宋体"，在"字号"栏选择"二号"，单击"确定"按钮完成标题字体设置，效果如图 1-43 所示。

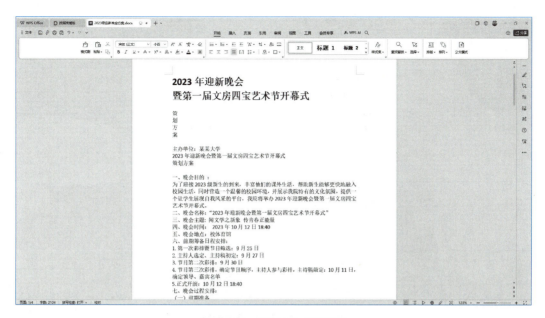

图 1-43　标题字体设置效果

（3）将光标置于活动策划前，长按鼠标左键拖曳至标题尾选中"活动策划"；在菜单栏的"开始"选项中找到字体功能区，单击 ⬇ 按钮打开"字体"对话框，如图 1-44 所示。

图 1-44　封面字体设置

（4）打开"字体"对话框,在"中文字体"栏选择"宋体",在"字号"栏选择"初号",在"字形"栏选择"加粗"单击"确定"按钮完成标题字体设置,效果如图 1-45 所示。

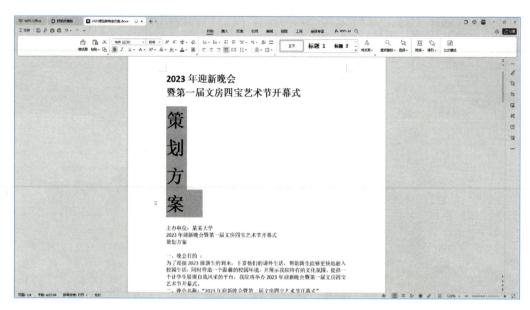

图 1-45　封面字体设置效果

（5）将光标置于落款前,长按鼠标左键拖曳至标题尾选中落款;在菜单栏的"开始"选项找到字体功能区,单击 ⬐ 按钮打开"字体"对话框,如图 1-46 所示。

图 1-46　落款字体设置

（6）打开"字体"对话框，在"中文字体"栏选择"宋体"，在"字号"栏选择"四号"，单击"确定"按钮完成落款字体设置，效果如图 1-47 所示。

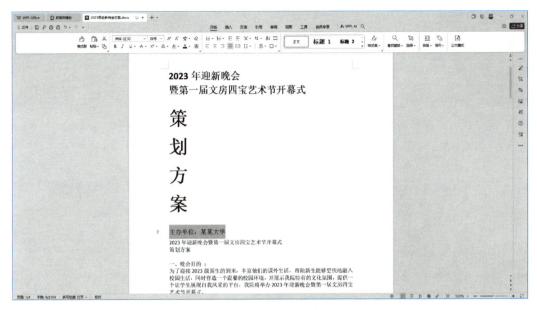

图 1-47　落款字体设置效果

（7）将光标置于标题前，长按鼠标左键拖曳至标题尾选中标题，在菜单栏的"开始"选项中找到"段落"功能区，单击 三 按钮，完成居中对齐设置。将光标置于活动策划前，长按鼠标左键拖曳至标题尾选中，在菜单栏的"开始"选项找到"段落"功能区，单击 按钮打开"段落"对话框，如图 1-48。所示设置对齐方式"居中对齐"，段前间距"40"磅，段后间

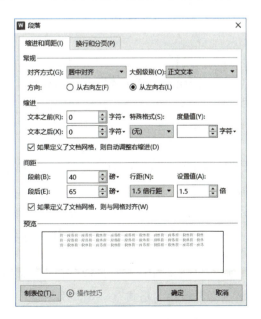

图 1-48　标题居中对齐设置

距"65 磅"。将光标置于落款前并长按鼠标左键将其拖曳至标题尾选中落款,在菜单栏的"开始"选项找到"段落"功能区,单击 三 按钮,完成居中对齐设置,效果如图 1 – 49 所示。

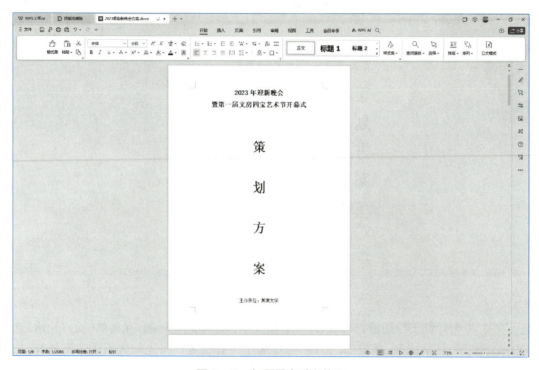

图 1 – 49　标题居中对齐效果

步骤 5:设置"迎新晚会策划方案"文档字体

1. 设置标题字体

（1）将光标置于标题前,长按鼠标左键拖曳至标题尾选中标题;在菜单栏的"开始"选项中找到"字体"功能区,单击 按钮,打开"字体"对话框,如图 1 – 50 所示。

（2）在"中文字体"栏选择"宋体",在"字号"栏选择"二号",单击"确定"按钮,完成标题字体设置,效果如图 1 – 51 所示。

2. 设置小标题字体

（1）在菜单栏的"开始"选项中找到"样式和格式"功能区,单击 按钮,打开"样式和格式"窗格,如图 1 – 52 所示。

（2）单击"新样式",打开"新建样式"对话框。在"格式"功能区中设置字体和字号为"宋体""小四",单击 B 按钮加粗字体;在"名称"文本框中标注此样式为"小标题",单击"确定"按钮保存设置,如图 1 – 53 所示。

（3）将光标置于"一 、晚会目的 :"内容前,长按鼠标左键拖曳至选中该内容,在"样式和格式"窗格内,找到"请选择要应用的格式"。单击"小标题",完成小标题字体设置,效果如图 1 – 54 所示。

图 1‑50　"字体"对话框

图 1‑51　标题字体设置的效果

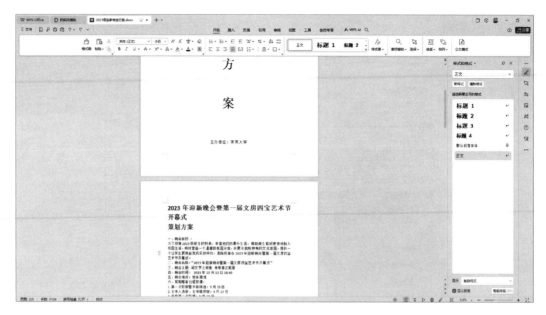

图 1-52　"样式和格式"窗格

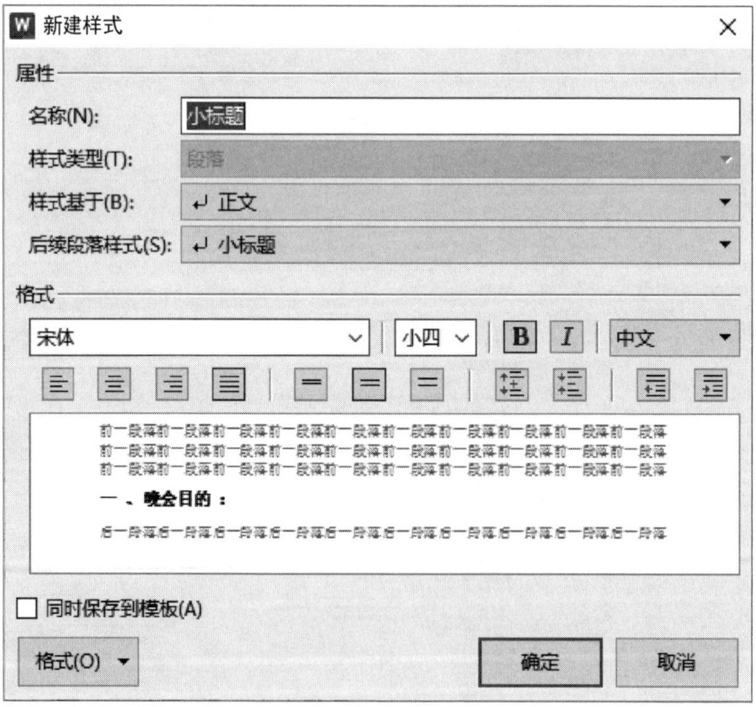

图 1-53　新建小标题样式

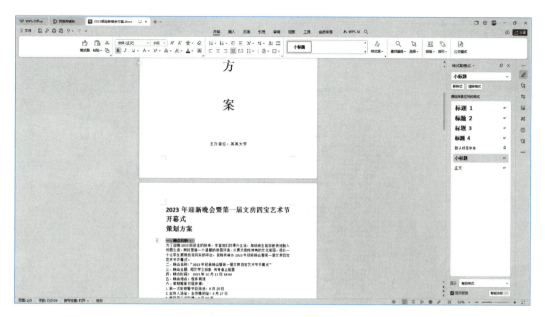

图 1-54　小标题字体设置

　　（4）按照步骤（3）的操作流程，依次在文档中完成所有小标题字体设置，效果如图 1-55 所示。

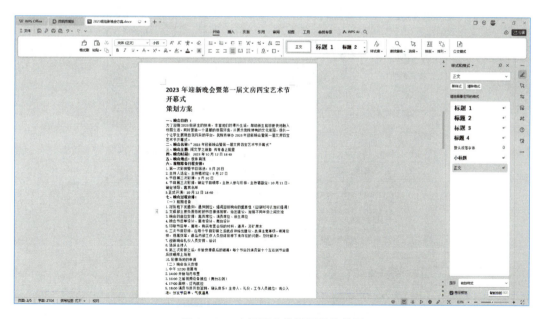

图 1-55　小标题字体设置后的效果

3. 设置正文字体

（1）打开"样式和格式"窗格，设置正文字体，如图 1-56 所示。

（2）单击"新样式"，打开"新建样式"对话框。在"格式"栏内设置字体和字号为"宋

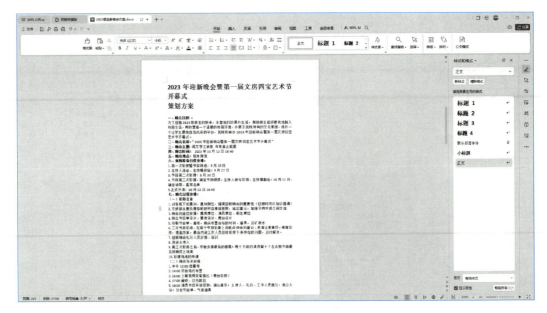

图 1－56　在"样式和格式"窗格中设置正文字体

体""小四";在"名称"文本框中标注此样式为"新建正文",在"后续段落样式"中选择 ↵新建正文,单击"确定"按钮保存设置,如图 1－57 所示。

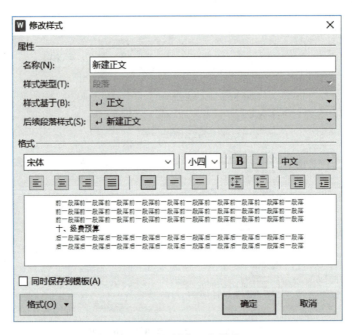

图 1－57　新建正文样式

（3）将光标置于"为了迎接 2023 级新生的到来"内容前,长按鼠标左键拖曳选中该内容,再在"样式和格式"窗格内找到"请选择要应用的格式",单击"新建正文",完成正文字体设置,效果如图 1－58 所示。

图 1-58　正文字体设置效果

（4）按照步骤（3）的操作流程，依次在文档中完成文档中所有正文字体设置，效果如图 1-59 所示。

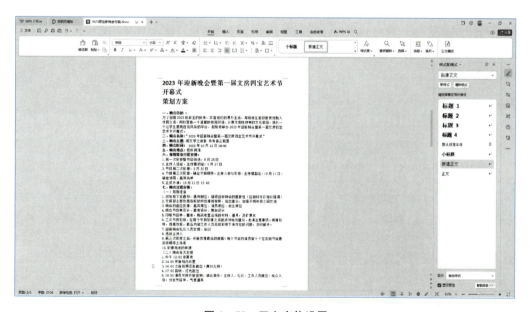

图 1-59　正文字体设置

步骤 6：设置"迎新晚会策划方案"文档段落

1. 设置对齐方式

（1）将光标置于标题前，在"段落"功能区，单击 三 按钮，完成居中对齐设置，效果如图 1-60 所示。

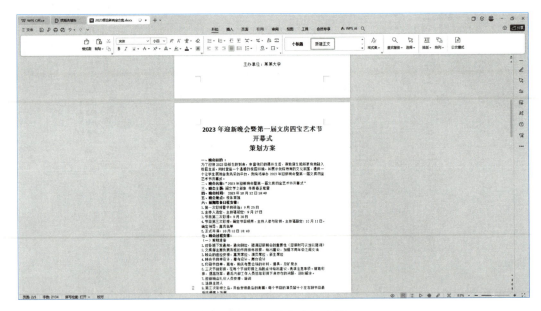

图 1－60　标题居中对齐的效果

　　(2) 将光标置于落款前,长按鼠标将其拖曳至"2023 年 9 月 3 日"选中该内容,单击 ▤ 按钮,完成右对齐设置,效果如图 1－61 所示。

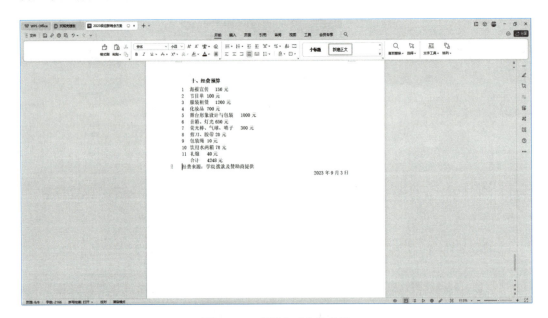

图 1－61　落款右对齐的效果

　　2. 设置正文段落格式

　　(1) 在菜单栏的"开始"选项中找到"样式和格式"功能区,单击 ↘ 按钮,打开"样式和格式"窗格,如图 1－62 所示。

　　(2) 单击"样式和格式"窗格中的"新建正文"后的 ⌄ 按钮,在下拉框中选择"修改"按钮，打开"修改样式"对话框，如图 1–63 所示。

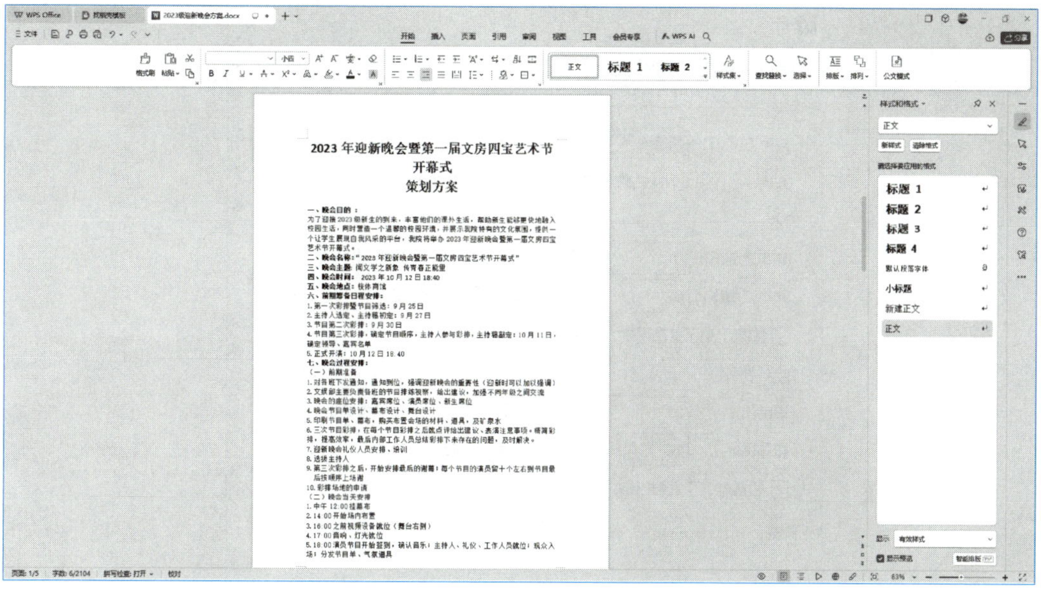

图 1–62　"样式和格式"窗格

图 1–63　"修改样式"对话框

（3）单击"修改样式"对话框左下角"格式"按钮，在弹出的选项卡中选择"段落"。在"缩进和间距"子选项的"常规"功能区中找到"对齐方式"，选择"两端对齐"；在"缩进"功能区中，找到"特殊格式"，选择"首行缩进"，设置"度量值"为"2 字符"；在子选项的"间距"功能区中找到"段后"，选择"10 磅"，在"行距"中选择"1.5 倍行距"，"设置值"为"1.5 倍"，单击"确定"按钮完成设置,如图 1-64 所示。

图 1-64 正文段落设置

(4)将光标置于正文段落前,单击"新建正文"按钮,完成段落设置,效果如图 1-65 所示。

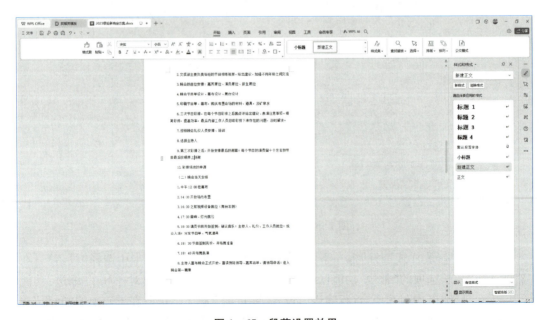

图 1-65 段落设置效果

　　（5）在菜单栏的"开始"选项找到"样式和格式"功能区，单击 ⬓ 按钮打开"样式和格式"窗格，如图 1-66 所示。

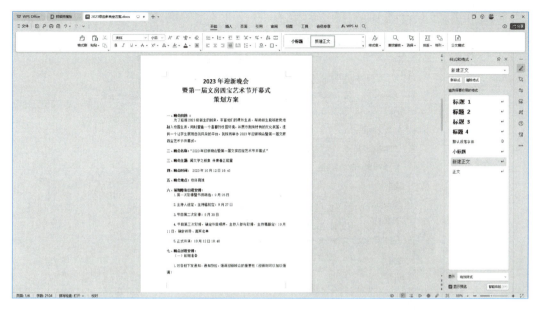

图 1-66　"样式和格式"窗格

　　（6）单击"样式和格式"窗格中的"小标题"后的 ⌄ 按钮，在下拉框中选择"修改"，打开"修改样式"对话框，如图 1-67 所示。

图 1-67　修改样式

　　（7）单击"修改格式"对话框左下角"格式"按钮，在弹出的选项卡中选择"段落"，打开"段落"对话框；在"缩进与间距"页面，设置"特殊格式"为"首行缩进"，设置"度量值"为"2

字符",设置"段前"间距为"0.5 行",设置"段后"间距为"0.1 行",设置"行距"为"1.5 倍行距"、"设置值"为"1.5 倍",单击"确定"按钮完成设置,如图 1-68 所示。

图 1-68　小标题设置

（8）将光标置于小标题前,单击"小标题"按钮完成设置,效果如图 1-69 所示。

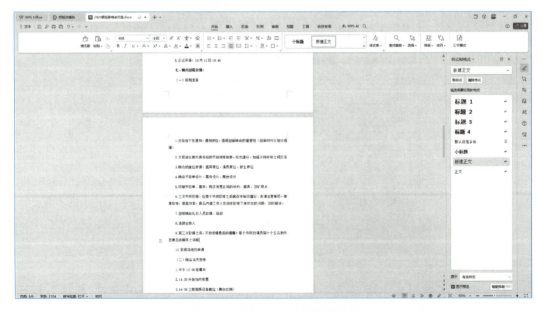

图 1-69　所有小标题设置后效果

步骤 7：设计"迎新晚会策划方案"表格

1. 插入表格

（1）将光标置于"十、经费预算"后，鼠标左键长按拖曳选中表格内容后单击菜单栏中的"插入"按钮，打开"插入"功能区；单击 表格 按钮，选择 文本转换成表格... ，打开"将文字转换成表格"对话框，如图 1-70 所示。

（2）在"表格尺寸"功能区中设置"列数"为"3"、"行数"为"12"，在"文字分隔位置"中选择"制表符"，单击"确定"按钮，完成表格插入，效果如图 1-71 所示。

图 1-70 将"文字转换成表格"对话框

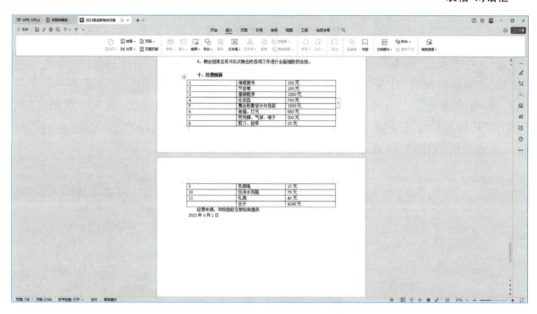

图 1-71 插入表格效果

2. 设置表格格式

（1）单击表格左上角的 ✛ 按钮选中表格，右击表格，在弹出的菜单中选择"表格属性"命令，打开"表格属性"对话框，如图 1-72 所示。

（2）在"表格"子选项的"对齐方式"功能区中选择"居中"；在"行"子选项的"尺寸"功能区中设置"指定高度"为"1.2 厘米"；在"列"子选项的"尺寸"功能区中设置"指定宽度"，并设置第一列为"1.8 厘米"、第二列为"8.22 厘米"、第三列为"5 厘米"；在"单元格"子选项的"垂直对齐方式"功能区中选择"居中"，单击"确定"按钮完成设置，如图 1-73 所示。

（3）单击表格左上角的 ✛ 按钮选中表格，在菜单栏的

图 1-72 "表格属性"对话框

图 1-73 "表格属性"设置

"开始"选项中找到"段落"功能区单击弹出"段落"对话框。在"缩进和间距"子选项的"常规"功能区中找到"对齐方式",选择"居中对齐",单击"确定"按钮完成设置。

(4)单击表格左上角的按钮选中表格,在功能区的"表格样式"选项卡中单击"预设样式"选择预设样式"网格表5-白边框""主题颜色"为蓝色,"底纹填充"勾选"首列""隔行",表格效果如图1-74所示。

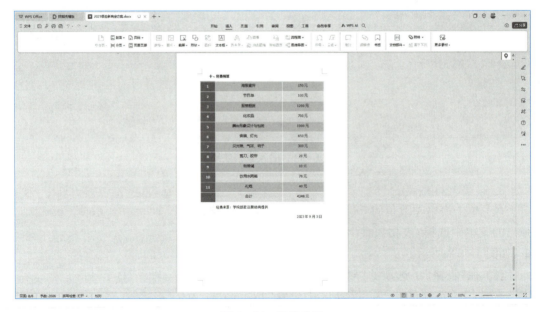

图 1-74 表格效果

步骤8：美化"迎新晚会策划方案"排版

根据上述操作流程,小李同学已将迎新晚会策划方案的初稿完成。但是在提交给老师之前,他发现"十、经费预算"内容中的表格出现在两页中,文档不够美观。于是,小李同学对这部分内容的排版进行美化。

将光标置于"十、经费预算"前,单击菜单栏中的"插入"按钮,打开"插入"功能区;单击  下拉按钮,单击"分页符",效果如图 1-75 所示。

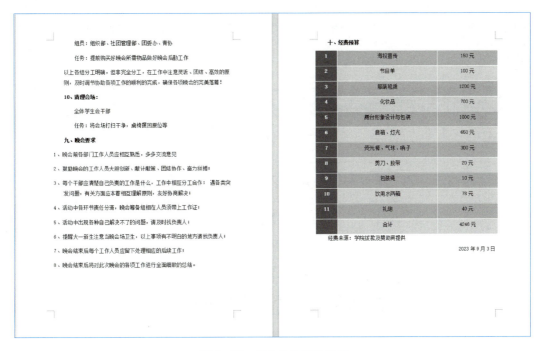

图 1-75　插入分页符的效果

小　贴　士

设置对齐时,还可以通过组合键 Ctrl+J,设置/取消两端对齐;组合键 Ctrl+L,设置/取消左对齐;组合键 Ctrl+E,设置/取消居中对齐;组合键 Ctrl+R,设置/取消右对齐;组合键 Ctrl+Shift+J,设置/取消分散对齐。

【拓展提升】

屏幕截图功能

WPS Office 内置了截图功能,可以实现高效截取图片。

以 WPS 文字模块为例,打开功能区的"插入"选项卡;单击"截屏"按钮,长按鼠标左键拖曳要截取的内容,然后单击"√"确认,或单击"×"取消,效果如图 1-76 所示。若是希望将其他窗口的内容截取进来,则选择"截屏时隐藏当前窗口"命令。

用户截取图片,还能利用工具栏对这些图片进行编辑,如绘制矩形、圆形,利用箭头做标记、添加文字说明等。编辑完成后,用户可对修改过的图片进行保存,截图工具栏如图 1-77 所示。

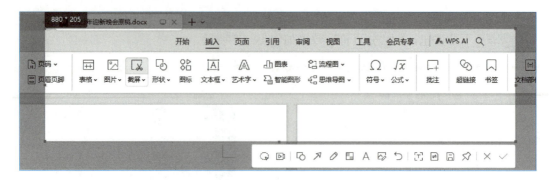

图 1-76　截图效果

图 1-77　截图工具栏

任务 1.3　制作迎新晚会节目单

【任务描述】

志愿者小王同学收到了老师分配的新任务——设计并制作迎新晚会的节目单。小王同学将使用 WPS 文字来完成此任务,迎新晚会通知效果如图 1-78 所示。

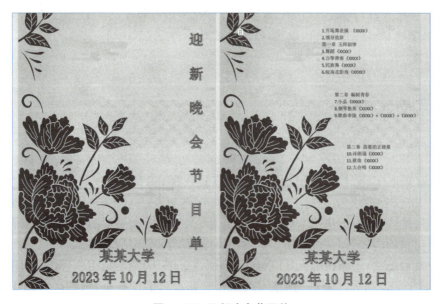

图 1-78　迎新晚会节目单

【任务分析】

一、任务目标

创建一个文档,设计迎新晚会节目单并对其进行排版,节目单需要包含晚会节目安排,并对其进行排版和样式美化。

二、需求分析

(1)收集并整理迎新晚会的所有节目内容,根据晚会的流程和各阶段的主题特点对节目进行分类。

(2)设计节目单的样式和布局,使其易于阅读,排版美观。

三、注意事项

(1)确保节目设置符合晚会各阶段主题。
(2)确保节目单排版合理,美观易读。

【知识准备】

一、文字的输入与编辑

在 WPS 文字中编辑文档时,用户可以直接在编辑区输入文字,也可以通过复制、粘贴等操作将其他文档中的文字导入到当前文档。在编辑文档的过程中,可以使用常见的文字格式设置功能,如字体、字号、颜色、对齐方式等。此外,WPS 文字还支持段落格式设置功能,如缩进、行距、编号等,以方便用户对文档进行排版。

二、插入和调整图形对象

WPS 文字支持插入不同类型的图形对象,如图片、图表、矢量图形、艺术字等。插入图片时,可以调整其大小、设置边框以及选择文字环绕等方式。对于图表和矢量图形,用户可以进行样式和数据的编辑,以便于数据的展示和分析。此外,WPS 文字还提供了绘制基本的形状图形的功能,如绘制线条、矩形、圆形等,并且可以应用特效和动画以增强文档的视觉效果。

【任务实施】

●操作视频

制作迎新
晚会节目单

步骤 1:新建"迎新晚会节目单"文档

1. 新建文档

找到"文档"选项,单击"新建"按钮,在打开的"新建"选项卡中选择"文字"选项,选择

"空白文档"选项,如图1-79所示。系统将新建名为"文字文稿1"的空白文档。

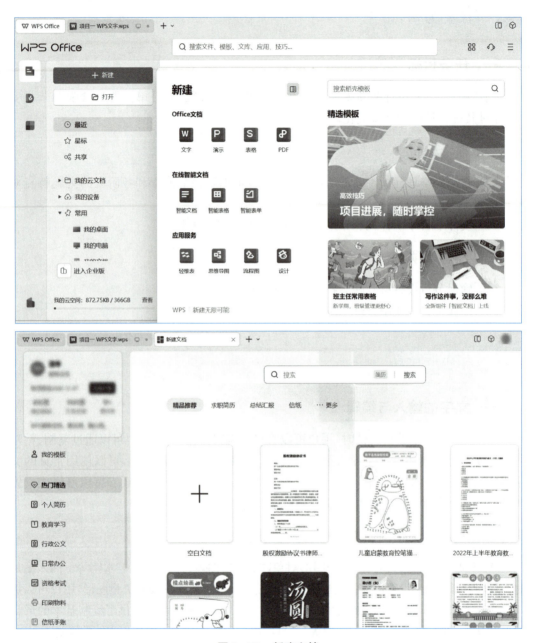

图1-79　新建文档

2. 保存并命名文档

（1）选择"文件→另存为→WPS文字 文件(*.wps)"选项。

（2）在"另存为"对话框中选择具体的文件存放路径,在"文件名称"文本框中输入文档的名称"迎新晚会节目单",在"文件类型"下拉列表框中选择"WPS文字 文件(*.wps)"选项,然后单击"保存"按钮,如图1-80所示。

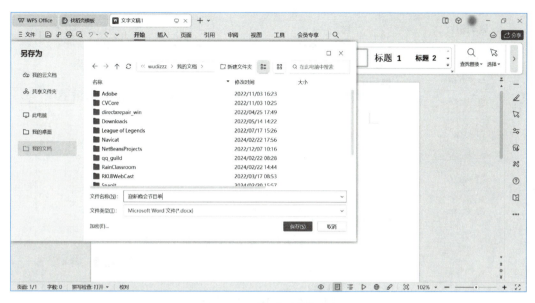

图 1-80 "另存为"对话框

步骤 2：设置"迎新晚会节目单"文档背景

设置文档背景

（1）单击菜单栏的"页面"选项卡，找到并单击"背景"按钮，在弹出的下拉框中选择"图片背景"，打开"填充效果"对话框，如图 1-81 所示。

图 1-81 "填充效果"对话框

（2）单击"选择图片"，在弹出的"选择图片"对话框中找到素材"节目单背景.jpg"文件，单击"打开"按钮，完成背景图片选择，如图 1-82 所示。

图1-82 "选择图片"对话框

（3）选择好背景图片后，在"填充效果"对话框单击"确定"按钮，完成页面背景设置，效果如图1-83所示。

图1-83 页面背景效果

步骤3：设计"迎新晚会节目单"文档样式

1. 节目单标题

（1）单击菜单栏的"插入"选项卡，找到并单击"艺术字"按钮，选择样式"填充-金色，背景2，内部阴影"，完成艺术字的插入，效果如图1-84所示。

（2）在"文本工具"选项卡，单击 右下角的 按钮，找到"设置文本效果格式：文本框"，设置艺术字效果，如图1-85所示；

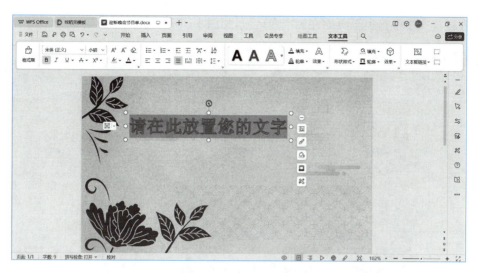

图 1 - 84　插入艺术字

图 1 - 85　文本工具功能区

（3）单击 填充 按钮，在弹出的下拉框中选择"白色，背景 1"；单击 轮廓 按钮，在弹出的下拉框中选择"猩红，着色 6，深色 25％"；单击 效果 按钮，在弹出的下拉框中选择"阴影→右下斜偏移"完成艺术字设置；在文本框内编辑内容"迎新晚会节目单"，如图 1 - 86 所示。

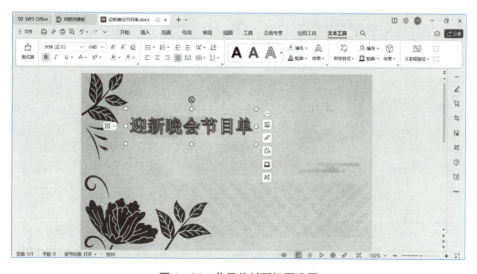

图 1 - 86　节目单封面标题设置

（4）在"文本工具"功能区，找到"段落"组，将光标置于"迎新晚会节目单"前，单击 按钮，将字体设置成竖向；单击选中"迎新晚会节目单"，将鼠标指针置于文本框边框，长按鼠标左键将文本框拖曳至页面左侧空白区域,如图 1–87 所示。

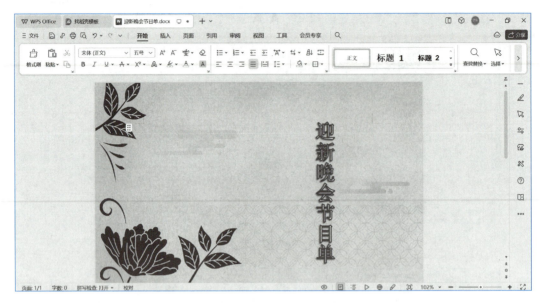

图 1–87　拖曳文本框

　　(5) 将光标置于"迎新晚会节目单"前,长按鼠标左键拖曳选中文字,右击弹出下拉框,单击"字体"按钮,打开"字体"对话框,如图 1–88 所示。

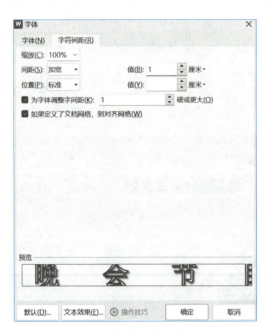

图 1–88　"字体"对话框

　　(6) 单击"字符间距"子选项,在"间距"处选择"加宽","值"为"1 厘米",单击"确定"按钮完成设置,效果如图 1–89 所示。

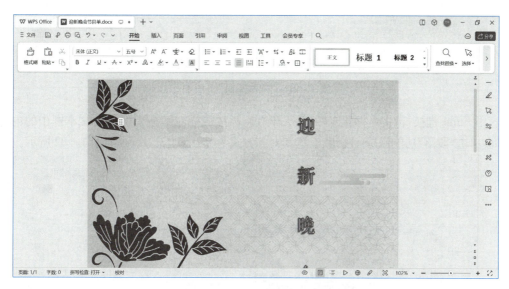

图 1‑89　字符间距设置效果

2. 节目单落款

（1）单击菜单栏的"插入"选项卡，找到并单击"艺术字"按钮，选择样式"填充－金色，背景 2，内部阴影"，将艺术字文本框拖曳至页面下方空白处，如图 1‑90 所示。

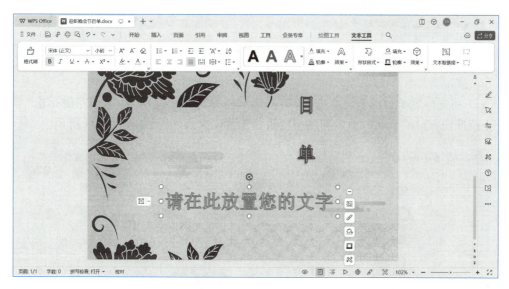

图 1‑90　设计落款位置

（2）在菜单栏的"文本工具"选项卡，找到单击 右下角的 按钮，"设置文本效果格式：文本框"，设置艺术字效果，如图 1‑91 所示。

（3）单击 按钮，在弹出的下拉框中选择"白色，背景 1"；单击 按钮，在弹出的下拉框中选择"猩红，着色 6，深色 25％"；单击 按钮，在弹出的下拉框中选择"阴影→右下斜偏移"完成艺术字设置；在文本框内编辑内容"某某大学"和"2023 年 10 月 12 日"，两段

图 1‑91 "文本工具"选项卡

内容用 Enter 键换行；将光标置于"某某大学"前，长按鼠标左键拖曳选中此文本框中的内容之间，单击"段落"功能区 三 按钮，设置其对齐方式为"居中对齐"，效果如图 1‑92 所示。

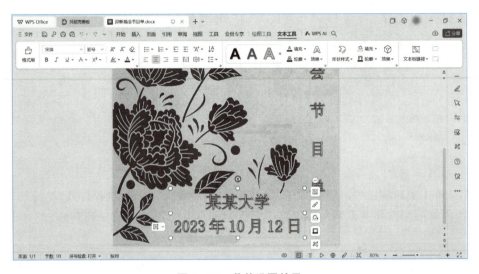

图 1‑92 落款设置效果

3. 插入节目单正文

（1）将光标置于封面末尾空白处，单击菜单栏的"页面"选项卡，鼠标左键单击"空白页"下拉按钮，选择"竖向"，插入新的空白页面作为正文页，效果如图 1‑93 所示。

图 1‑93 插入新空白页

（2）将封面页的落款添加到正文页。单击选中落款文本框，按组合键Ctrl+C复制落款文本框，将光标置于正文页下方空白处，按组合键Ctrl+V粘贴，效果如图1-94所示。

图1-94 设置正文页落款

4. 编辑节目单内容

本次晚会节目分为三个篇章，依次编辑三个篇章的内容。

（1）单击菜单栏中的"插入"选项卡，打开"插入"功能区；找到并单击"艺术字"按钮，选择样式"填充-黑色，文本1，阴影"；右击弹出下拉框，单击"字体"按钮，将艺术字大小设置成"四号"，如图1-95所示。

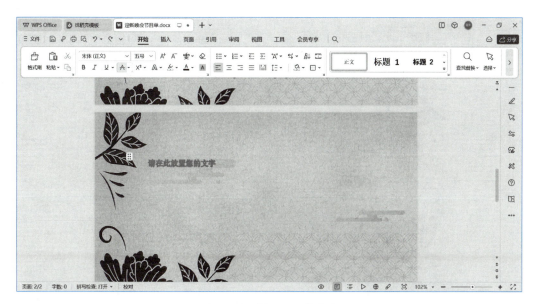

图1-95 插入正文艺术字

（2）单击 ⬛填充˅ 按钮，在弹出的下拉框中选择"猩红，着色6，深色25%"；单击 ⬛轮廓˅ 按钮，在弹出的下拉框中选择"无线条颜色"；单击 ⬛效果˅ 按钮，在弹出的下拉框中选择"阴影→右下斜偏移"完成艺术字设置；在文本框内编辑文字内容，效果如图1-96所示。

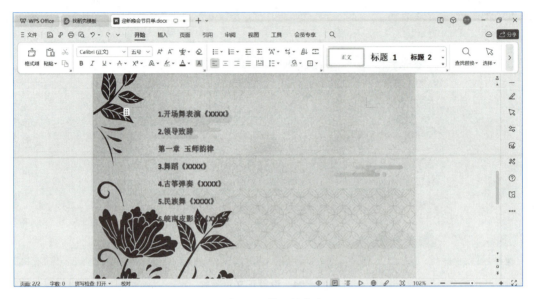

图1-96　节目单内容

（3）设置文本框段落格式。将光标置于文本框内，按组合键Ctrl+A，选中文本框内容，单击"文本工具"选项，在菜单栏单击"段落"功能组右下角的对话框启动器按钮⬛，打开"段落"对话框；设置"行距"选择"固定值""20磅"，单击"确定"按钮完成设置，效果如图1-97所示。

图1-97　文本内容段落格式设置

（4）按照（1）（2）（3）步操作流程，完成第二篇章、第三篇章内容及格式设置，效果如图 1-98 所示。

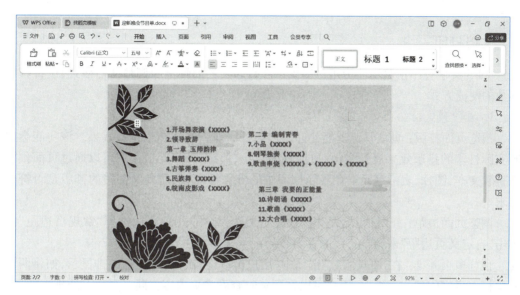

图 1-98　文本内容编辑

步骤 4：美化"迎新晚会节目单"排版

经过小王同学的精心制作，节目单初稿已经完成。为了让节目单更加精美，小王同学将正文页三个篇章的文本框进行了重新排版。用鼠标左键选中文本框，将光标置于文本框边框处，长按鼠标左键将文本框拖曳至页面空白区域，使节目单排版更加美观、清晰，效果如图 1-99 所示。

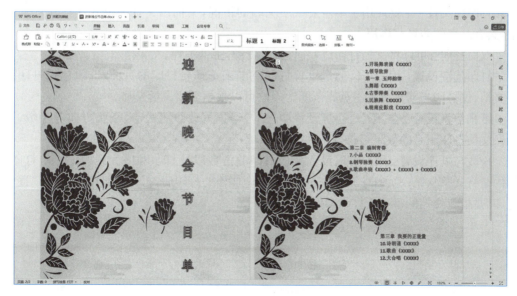

图 1-99　美化排版效果

文档打印

WPS 文字打印预览功能为用户提供了在打印文档前预览和调整文档格式、设置打印参数的便捷方式。

1. 打印预览功能

预览页面排版：页面预览功能允许用户在打印前查看文档的排版效果。该功能会按照实际打印的排版效果展开文档，包括页面大小、边距、分页等。用户可以通过页面预览来查看文本、图片、表格等元素在实际打印中的分布情况，从而判断文档的排版是否符合要求。

调整页面边距：在"打印设置"窗格的"页边距"组中，用户可以选择"常规页边距"或单击"自定义页边距"来调整文档的页面布局。

预览多页并排：在"每页版数"选项中，用户可以设置文档的多页并排显示，如将两页的文档内容打印到一页纸上，用户可以在预览时查看多页内容在同一页面上的排版效果。

2. 打印功能

打印机设置：在打印设置中，用户可以选择已连接的打印机，并查看打印机的状态、类型、位置等信息。此外，用户还可以根据需要调整打印方式，包括设置反片打印、打印到文件、双面打印等。

反片打印：WPS 提供的一种独特的打印输出方式，主要适用于文字处理和文档打印。该功能以"镜像方式"显示文档，以满足特定的排版印刷需求，例如学校可以将试卷反片打印在蜡纸上，然后通过油印方式进行印刷，以制作出多份试卷。

打印到文件：主要应用于不需要纸质文档的情况，文档以文件的形式保存在计算机中，具有一定的防篡改作用。

双面打印：可以将文档打印成双面，节省资源，降低消耗。

打印范围设置：用户可以通过设置打印范围来选择要打印的页面，选项包括打印整个文档、仅打印当前页可指定页码范围。用户可以根据需要灵活选择。

纸张信息设置：在"纸张信息"设置中，用户可以修改纸张大小、纸张方向等参数，以确保文档打印出来的效果与符合个人预期的。

份数与顺序设置：用户可以设置文档打印的份数以及打印顺序。例如，"逐份打印"指的是将文档从第一页打印到最末页，完成一份文档的打印后，再开始打印下一份；"逐页打印"是指将文档的每一页打印多份。

习题 1

一、选择题

1. 下列选项中，不属于 WPS 文字的主要界面组成部分的是（　　）。

A. 菜单栏　　　　　B. 功能区　　　　　C. 编辑区　　　　　D. 任务栏

2. 在 WPS 文字中，新建一个空白文档的步骤为（　　）。

A. 单击"文件"→"新建"→"空白文档"

B. 单击"文件"→"打开"→"空白文档"

C. 单击"文件"→"保存"→"空白文档"

D. 单击"文件"→"另存为"→"空白文档"

3. 在 WPS 文字中，为了防止意外丢失未保存的工作，可以使用的功能为（　　）。

A. 快速访问工具栏　　　　　　　　B. 自动保存

C. 文件加密　　　　　　　　　　　D. 云同步

4. 在 WPS 文字中，设置段落的首行缩进可以使用（　　）。

A. "字体"对话框　　　　　　　　　B. "段落"对话框

C. "查找替换"对话框　　　　　　　D. "页面设置"对话框

5. 在 WPS 文字中，插入一张图片的步骤为（　　）。

A. 单击"插入"→"图片"　　　　　　B. 单击"编辑"→"图片"

C. 单击"视图"→"图片"　　　　　　D. 单击"格式"→"图片"

6. 在 WPS 文字中，为了将一部分文本内容移动到另一个位置，首先要进行的操作是（　　）。

A. 光标定位　　　　B. 选定内容　　　　C. 复制　　　　　D. 粘贴

7. 在 WPS 文字中，进行段落格式设置的功能最全面的工具是（　　）。

A. "制表位"对话框　　　　　　　　B. 水平标尺

C. "段落"对话框　　　　　　　　　D. "正文排列"对话框

8. 在 WPS 文字中，针对设置段落间距的操作，下列说法正确的是（　　）。

A. 一旦设置，即全文生效

B. 如果没有选定文字，则设置无效

C. 如果选定了文字，则设置只对选定文字所在的段落有效

D. 一旦设置，不能更改

9. 在 WPS 文字中，若需保存当前正在编辑的文件，利用的组合键是（　　）。

A. Ctrl+S　　　　B. Ctrl+D　　　　C. Ctrl+V　　　　D. Ctrl+P

10. 新建 WPS 文档的组合键是（　　）。

A. Ctrl+N　　　　B. Ctrl+O　　　　C. Ctrl+C　　　　D. Ctrl+S

11. 在 WPS 文字中，主窗口的右上角，可以同时显示的按钮是（　　）。

  A. 最小化、还原和最大化   B. 还原、最大化和关闭

  C. 最小化、还原和关闭   D. 还原和最大化

  12. "段落"对话框不能完成的操作是(　　　)。

  A. 改变行与行之间的间距   B. 改变段与段之间的间距

  C. 改变段落文字的颜色   D. 改变段落文字的对齐方式

二、填空题

  1. 为了确保文档的美观性和一致性,可以使用_____功能来设置文档的样式。

  2. 在 WPS 文字中,可以使用_____功能来替换文档中的特定内容。

  3. 在 WPS 文字的"字体"对话框中,可以设置的字型效果包括常规、加粗、倾斜和_____。

  4. 在 WPS 文字中,可以使用_____功能来设置文档的页边距。

  5. 每段首行首字距页左边界的距离称为_____,而从第二行开始,相对于第一行左侧的偏移量称为_____。

  6. 在 WPS 文字中,可以建立不同视觉方式的_____或_____文本框。

  7. 在 WPS 文字中,利用工具栏中的_____按钮,可以复制文档的格式信息。

  8. WPS 文字提供了 3 种字符间距的选择:_____、_____和_____,系统默认采用_____的格式。

  9. 在文档中插入的图片可以通过_____来进行大小调整和位置摆放。

项目二　WPS 表格

 学习导读

　　电子表格又称电子数据表,是一类模拟纸上计算表格的计算机程序。它通过展示由许多行与列构成的网格,每个网格内可以存放数值、公式或文本等。电子表格处理是信息化办公的重要组成部分,在数据分析和数据处理中发挥着重要的作用,广泛应用于财务管理、统计、金融和工程等领域。

　　目前,主流的电子表格应用软件有 WPS Office 的表格组件与微软 Office 软件的 Excel 表格。这两者在工具栏和某些功能按钮的设置上几乎一致,两款软件在操作上非常类似。本单元主要介绍 WPS 表格的操作过程。

 学习目标

知识目标:
◇　理解工作表和工作簿的区别。
◇　理解相对引用、绝对引用及混合引用的概念。
◇　了解常用函数的用法,如 SUM 函数、AVERAGE 函数、IF 函数等。

技能目标:
◇　掌握数据输入的技巧和常用格式设置。
◇　掌握页面布局、打印预览以及打印操作的相关设置方法。
◇　掌握工作表的排序、筛选、分类、汇总和数据验证等操作。
◇　掌握利用表格数据来制作展示数据的最优图表类型。
◇　掌握数据透视表和数据透视图的方法创建。
◇　能够利用 WPS Office 软件制作电子表格并对其中的数据进行分析。

素质目标:
◇　提升对信息安全重要性的认识。
◇　形成良好的职业素养。
◇　增强依法纳税的社会责任感。

任务 2.1　制作员工信息表

【任务描述】

小王在某文化公司实习,接到的第一个任务就是对该公司所有员工信息进行整理,并制作电子汇总表。小王将使用 WPS 表格来完成这项任务,并将所有员工的重要信息处理后再上传到公司网站。公司员工信息表效果如图 2-1 所示。

序号	工号	姓名	性别	身份证号	入职日期	部门	学历	专业	职业规划（5年）	毕业院校	联系电话	住址
1	2016001	游小志	男	34180219940103□□□	2016年6月	设计部	大专	数字媒体技术	中级设计师	宣城职业技术学院	136□□□1254	翰林小区
2	2016002	曹晶晶	女	34170219940510□□□	2016年6月	市场部	大专	市场营销	无	宣城职业技术学院	138□□□8985	幸福小区
3	2016003	夏丽	女	34160219950608□□□	2016年6月	编导部	本科	影视编导	无	安徽艺术职业学院	189□□□3516	花园小区
4	2016004	张帅	男	34120219930223□□□	2016年6月	采购部	大专	会计	会计主管	宣城职业技术学院	138□□□8389	名苑小区
5	2017001	李雨晴	女	34120219950705□□□	2017年7月	设计部	本科	视觉传达	中级设计师	合肥学院	137□□□8659	绿086小区
6	2018001	邢超	男	34140219960420□□□	2018年4月	市场部	大专	市场营销	营销经理	芜湖职业技术学院	138□□□3397	碧桂园小区
7	2018002	姜敏	男	32180219951120□□□	2018年6月	编导部	本科	影视编导	无	池州学院	138□□□9981	恒大小区
8	2018003	章文丽	女	24150219960927□□□	2018年6月	设计部	本科	广告艺术设计	中级设计师	安徽师范大学	137□□□4715	悦澜湾小区
9	2018004	孙飞飞	男	34122219970106□□□	2018年6月	市场部	大专	市场营销	转正	安徽职业技术学院	138□□□1657	紫御府小区
10	2019001	刘俊涛	男	34150219980801□□□	2019年3月	市场部	大专	市场营销	转正	安徽职业技术学院	134□□□4458	银桥湾小区
11	2019002	曾青青	女	34130219970513□□□	2019年5月	设计部	本科	艺术与科技	初级设计师	合肥学院	135□□□7569	银城小区
12	2020001	谷玉	女	34130219960627□□□	2020年6月	设计部	研究生	设计学	设计总监	安徽工业大学	136□□□4261	华府小区
13	2021001	周旺	男	34160219980318□□□	2021年7月	采购部	大专	会计	无	安徽工商管理学院	137□□□5513	丽都小区
14	2022001	汪文杰	男	34170220000508□□□	2022年7月	编导部	本科	影视编导	转正	安徽广播影视职业学院	138□□□7862	元宝小区
15	2023001	胡杰	男	34110219981205□□□	2023年5月	编导部	研究生	影视编导	项目负责人	阜阳师范学院	139□□□2897	桂花园小区

图 2-1　员工信息表的效果

【任务分析】

一、任务目标

创建一个员工信息表,用于记录和管理员工的基本信息,包括姓名、性别、身份证号、入职日期、部门等。

二、需求分析

(1) 确定需要收集的员工信息字段,包括姓名、性别、年龄、职位、入职日期等。
(2) 设计表格的布局和样式,使其易于阅读和使用。
(3) 根据需要设置输入数据的规则,以确保数据的准确性。
(4) 调整表格行高和列宽,设置边框和底纹,使表格看起来更加美观。

收集员工信息时需要做到准确无误,还要注意保护员工的隐私,不要泄露敏感信息;并且需要定期更新和维护员工信息表,确保数据的准确性。

【知识准备】

WPS表格适用于多种办公场景,特别是在日常数据处理和项目管理中表现出色,它为日常的数据输入、计算和整理提供了完备的功能,可充分满足这些需求。当需要对数据进行统计和汇总或图表制作时,WPS表格能够显著提升工作效率。此外,WPS表格也适用于多种项目管理场景,如研发管理、任务管理和产品需求管理等。它可以帮助项目负责人有效管理时间进度、质量和项目内容等。

一、WPS 表格窗口

WPS表格窗口主要由标题栏、菜单栏、编辑栏、状态栏等组成,如图2-2所示。其中,编辑栏显示及编辑活动单元格中的数据和公式。当用户在活动单元格中输入数据时,这些数据会显示在编辑栏和活动单元格中。如果确认输入的数据正确,可以单击编辑栏中的✔按钮,或者按 Enter 键;如果输入的数据有错误,则可以单击编辑栏中的✘按钮,或者按 Esc 键进行撤销。工作表标签位于水平滚动条的左侧,工作表标签上显示的是工作表的名称。

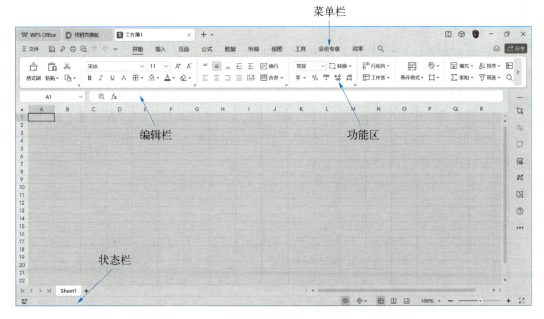

图 2-2　WPS 表格窗口

二、新建、保存、打开和关闭工作簿

WPS 表格的文件形式是工作簿,一个工作簿即为一个电子表格文件,其扩展名为".et"。

1. 新建工作簿

单击菜单栏中的"文件"选项,在弹出的下拉菜单中选择"新建",可以以多种方式新建需要的工作簿,如图 2-3 所示。

图 2-3 "新建"工作簿

2. 保存工作簿

单击菜单栏中的"文件"选项,在弹出的下拉菜单中选择"保存",如果当前文件是首次被保存,系统将会弹出"另存为"对话框。在"另存为"对话框中选择适当的保存位置,并输入适合的文件名以保存工作簿。

3. 打开工作簿

单击菜单栏中的"文件"选项,在弹出的下拉菜单中选择"打开",在"打开文件"对话框中选择文件保存的位置,选定并打开工作簿。

4. 关闭工作簿

如果当前的工作簿的操作完成,用户可以单击窗口右上角的"关闭"按钮来关闭 WPS 软件,同时也会关闭当前工作簿。用户也可以单击标题栏上当前工作簿标签右侧的"关闭"按钮,仅关闭当前工作簿。

请注意:如果工作簿尚未保存,系统会提示是否您需要保存文档。

三、工作表

工作簿中每一张表称为工作表,它由行和列组成,用于存储和处理数据的。每张工作表都有自己的名称。在新建工作簿的时候,默认包含一张名为"Sheet1"的工作表。工作表的行号由 1、2、3……表示,列号用字母 A、B、C……AA、AB、AC……表示。

可以通过右键单击工作表标签的方式执行工作表的切换、插入、删除、重命名、移动、创建副本、显示及隐藏等操作,如图 2-4 所示。

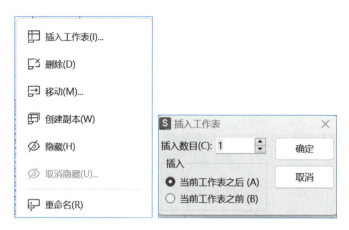

图 2-4 插入、删除、移动、复制、隐藏和显示工作表　　　图 2-5 "取消冻结窗格"选项

对于比较复杂的电子表格,常常需要在滚动浏览表格时固定显示表头行(或表头列),使用"冻结窗格"功能便可实现此种效果。冻结窗格的方法是:选定要冻结的行或列,单击菜单栏的"视图"选项卡中的"冻结窗格"按钮 ,在打开的下拉列表中提供了 3 种冻结选项,选择相应选项后即可按要求冻结指定的窗格。若要取消窗格的冻结,只需再次单击"冻结窗格"按钮 ,在打开的下拉列表中选择"取消冻结窗格"选项,如图 2-5 所示。

冻结窗格:选择一个单元格(假设为 F5 单元格)后,单击"冻结窗格"按钮 ,在下拉列表中可根据所选定的单元格位置来进行冻结,此时的选项包括"冻结至第 4 行 E 列""冻结至第 4 行""冻结至 E 列"等,根据需要选择相应的选项执行冻结操作即可,如图 2-6 所示。

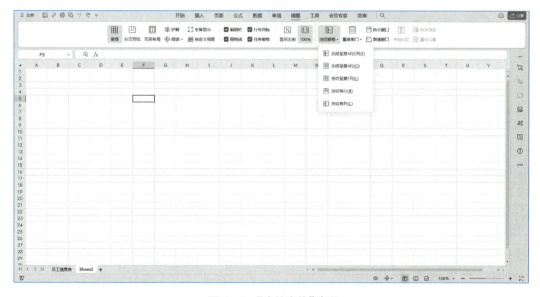

图 2-6 "冻结窗格"选项

冻结首行:单击"冻结窗格"按钮 ,选择"冻结首行"选项后,向下滚动工作表时,工作表首行位置保持不变,如图 2-7 所示。

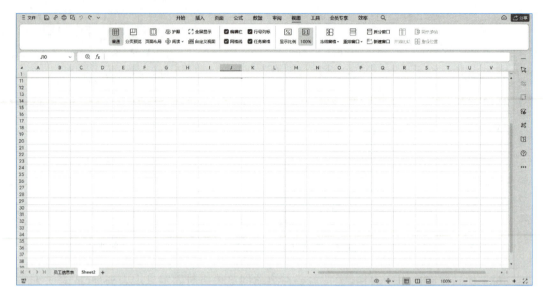

图 2-7　"冻结首行"效果

冻结首列：单击"冻结窗格"按钮 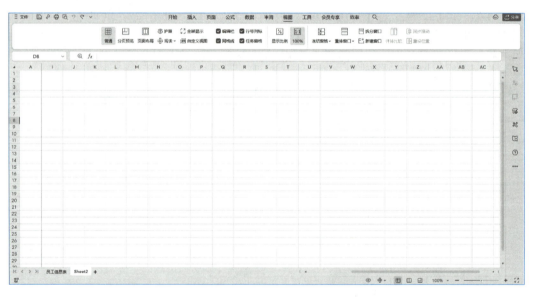，选择"冻结首列"选项后，向右滚动工作表时，工作表首列位置保持不变，如图 2-8 所示。

图 2-8　"冻结首列"的效果

四、单元格

单元格是工作表中的一个小方格，是表格的最小单位。单元格名称（又称为单元格地址）由列号和行号组成，如 A1 表示第 1 行第 A 列的单元格。活动单元格是指当前正在操作的单元格，它由一个加粗的边框标识。任何时候只能有一个活动单元格，只有在活动单元格中才可以输入数据。活动单元格右下角的突点被称为填充柄,将鼠标指针移至填充柄上,指针即变为黑色十字形+,拖曳填充柄可以把单元格内容自动填充或复制到相邻单元格中。

1. 单元格、行和列的相关操作

(1)插入与删除单元格、行和列。

当工作表中需要补充遗漏的数据或者添加新数据时,可以通过插入单元格来轻松实现,其操作步骤如下:

① 单击某个单元格或选定单元格区域,以确定插入位置;然后右击选定单元格区域,从弹出的快捷菜单中选择"插入"命令,打开"插入"列表框,如图 2–9 所示。

② 在该列表框中选择合适的插入方式。插入单元格,活动单元格右移:当前所选单元格及同一行中其右侧的所有单元格会向右移动。插入单元格,活动单元格下移:当前所选单元格及同一列中其下方的所有单元格会向下移动。也可以在当前单元格所在行的上方或者下方插入若干个空行,或在当前单元格所在列的左侧或者右侧插入若干个空列。

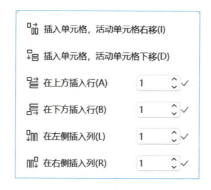

图 2–9　"插入"列表框

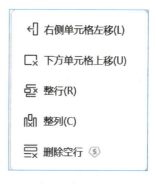

图 2–10　"删除"列表框

③ 单击"确定"按钮,完成操作。

删除单元格时,首先单击某个单元格或选定要删除的单元格区域,然后右击选定区域,从弹出的快捷菜单中选择"删除"命令,打开"删除"列表框,如图 2–10 所示。

(2)合并与拆分单元格。

选定要合并的单元格区域,切换到菜单栏的"开始"选项卡,单击"合并"按钮,如图 2–11 所示。

选中已经合并的单元格,再次单击"合并"按钮,即可将其拆分。

(3)隐藏与显示行和列。

在工作表中有时会有部分不需要展示的数据,在显示时可以将它们隐藏起来。

① 隐藏行和列。隐藏行和列的方法类似,下面以隐藏列为例,说明如何操作:

将鼠标指针移动到需要隐藏的列的列标上。单击并

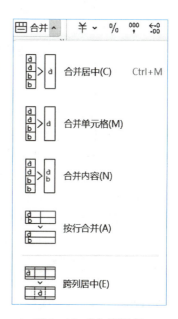

图 2–11　"合并"按钮

拖曳鼠标以选中整个列,然后右击选中的列标,并从弹出的快捷菜单中选择"隐藏"命令。

拖曳鼠标选中要隐藏的列中的部分单元格区域,切换到"开始"选项卡,在"单元格"选项组中单击"格式"按钮,从弹出的下拉菜单中选择"隐藏和取消隐藏"中的"隐藏列"命令。

② 取消行和列的隐藏

找到被隐藏列的左、右两列的列标,将鼠标指针移动到此,拖曳鼠标选中这两列;然后右键单击选中区域,并从弹出的快捷菜单中选择"取消隐藏"命令。

(4)改变行高与列宽。

单元格所在行的高度和列宽一般会随着显示字体的大小变化自动调整,用户也可以根据需要调整行高和列宽。

图 2－12 "行和列"对话框

① 手动调整行高。将鼠标指针移至行号区域,将鼠标指针放置在要调整行高的行和它下一行的分隔线上,当指针变成"双向箭头"形状时,单击并拖曳分隔线到合适的位置,可以粗略地设置当前行的行高。

若要精确地设置行高,将光标移至要调整行高的单元格中,或者选定多行;单击菜单栏的"开始"选项卡,找到"行和列"按钮,如图 2－12 所示;从弹出的下拉菜单中选择"行高"命令,在文本框中输入行高值,然后单击"确定"按钮。

② 自动调整行高,双击行号的下边界,或将光标移至要调整行的任意单元格中;单击菜单栏的"开始"选项卡,找到"行和列"按钮;从弹出的下拉菜单中选择"最适合的行高"命令,然后单击"确定"按钮。

改变列宽的方法与之类似,单击"行和列"按钮,在下拉菜单中选择相应的命令或在列标的右边界上进行操作即可。

2. 设置数据有效性

在 WPS 表格中设置数据有效性,可以限制单元格中输入的数据类型和范围,从而确保数据的准确性。

(1)在工作表中选中需要设置数据有效性的单元格或单元格区域。

(2)单击菜单栏中的"数据"选项卡。

(3)单击"有效性"按钮。

(4)在弹出的"数据有效性"对话框中,可以进行以下设置:

① 允许:选择允许输入的数据类型,如整数、小数、序列等。

② 数据:根据所选的数据类型,设置相应的数据范围或条件。例如,选择的是整数,可以设置最小值和最大值选项。

③ 输入信息:勾选"选定单元格时显示输入信息"选项,可以在输入数据时显示提示信息,在"标题"和"输入信息"文本框中输入相应的内容。

④ 出错警告:勾选"输入无效数据时显示出错警告"选项,当输入的数据不符合有效性规则时,会显示错误提示。在"样式"下拉列表中选择错误提示的样式(停止、警告、信息),并在"标题"和"错误信息"文本框中输入相应的内容。

⑤ 单击"确定"按钮,完成数据有效性设置,如图 2‑13 所示。

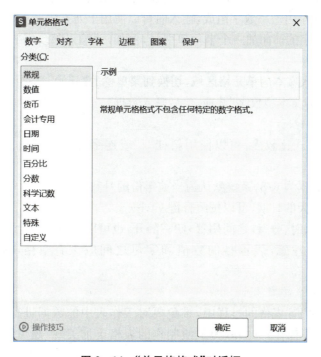

图 2‑13 "数据有效性"对话框

五、设置单元格格式

在表格中,设置单元格格式可以更好地管理和展示数据。具体的操作步骤如下:

(1) 选中需要设置格式的单元格或单元格区域。

(2) 右键单击选中的单元格,然后选择"设置单元格格式"。也可以使用组合键 Ctrl+1 来快速打开"单元格格式"对话框,如图 2‑14 所示。

图 2‑14 "单元格格式"对话框

（3）在弹出的对话框中，可以在"数字"子选项下找到多种预设的格式类型，包括常规、数值、货币、会计专用、日期、时间、百分比、分数、科学记数、文本、特殊和自定义等。

（4）在"对齐"标签下可以设置单元格内文本的对齐方式、文本方向以及自动换行等。

（5）在"字体"标签下可以设置单元格内文本的字体、字形、字号、颜色、下划线等。

（6）在"边框"标签下可以设置单元格边框的样式、颜色等。

（7）在"图案"标签下可以设置单元格底纹的颜色、图案样式和填充效果等。

设置完成后，单击"确定"按钮，所选单元格的格式就会按照设置进行调整，在工作表中用户将看到单元格格式的变化，数据将按照设置的格式显示。

六、数据输入

1. 输入数值

数值数据可以直接输入，默认为右对齐。在输入数值数据时，除0～9、正负号和小数点外，还可以使用以下符号：

（1）E 和 e：用于科学记数法的输入，例如 2.6E-3

（2）圆括号：表示输入的是负数，例如（312）表示-312

（3）以 $ 或 ¥ 开始的数值：表示货币格式。

（4）以符号"%"结尾的数值：表示输入的是百分数，例如40%表示0.4。

（5）","：表示千位分隔符，例如1,234.56

2. 输入文本

文本也就是字符串，默认为左对齐。当文本不是完全由数字组成时，用户可以直接通过键盘输入。若文本由一串数字组成，输入时可以使用下列方法：

（1）在该串数字的前面加一个半角单引号，例如，要输入邮政编码 223003，则应输入"'223003"。

（2）选定要输入文本的单元格区域，切换到菜单栏的"开始"选项卡，将"转换"下拉列表框单击"数字转为文本型数字"选项，然后输入数据。

3. 输入日期和时间

日期的输入形式比较多，可以使用斜杠"/"或连字符"-"对输入的年、月、日进行分隔。

如果输入的数据为 6/8，系统默认为当前年份的月和日。

如果要输入当天的日期，可以按组合键 Ctrl+;。

在输入时间时，时、分、秒之间用冒号":"隔开，也可以在后面加上 A 或 AM、P 或 PM 表示上午或下午。注意，表示秒的数值和字母之间应该有空格，例如输入"10:34: 52 A"。

4. 编辑与设置表格数据

用户在使用 WPS 表格的过程中，难免要对工作表中的数据进行编辑、处理、修改、移动或复制、删除等操作。此外，为了使制作的表格更加美观，还可以对工作表进行格式化。

（1）修改与删除单元格内容。当需要对单元格的内容进行编辑时，可以通过以下方式进入编辑状态：

① 双击单元格：直接对单元格中的内容进行编辑。

② 将光标移至要修改的单元格中，然后按 F2 键：激活需要编辑的单元格，然后在编辑框中修改其内容。

进入单元格编辑状态后，光标变成了垂直竖线的形状，用户可以用方向键来控制插入点的移动。按 Home 键，插入点将移至单元格的开始处；按 End 键插入点将移至单元格的尾部。

修改完毕后，按 Enter 键或单击编辑栏中的"输入"按钮对修改予以确认。若要取消修改，按 Esc 键或单击编辑栏中的"取消"按钮。

选定单元格或单元格区域，然后按 Delete 键，可以快速删除单元格的数据内容，并保留单元格的格式。按组合键 Ctrl＋Delete，单元格中插入点到单元格末尾的文本将被删除。

（2）移动与复制表格数据。

① 使用鼠标拖曳，移动单元格内容：将鼠标指针移至所选区域的边框上，然后长按鼠标左键将数据拖曳到目标位置，再释放鼠标左键。

② 使用鼠标拖曳，复制数据：首先将鼠标指针移至所选区域的边框上，然后长按 Ctrl 键并拖曳鼠标光标到目标位置。在拖曳过程中，边框显示为虚线，鼠标指针的右上角有一个小的"＋"。

③ 使用剪贴板移动数据：首先选定含有移动数据的单元格或单元格区域，然后按组合键 Ctrl＋X（或单击"剪切"按钮）；接着单击目标单元格或目标区域左上角的单元格；并按组合键 Ctrl＋V（或单击"粘贴"按钮）。

使用上述方法移动单元格内容时，如果目标单元格中原来有数据，会弹出如图 2-15 所示的提示对话框，单击"确定"按钮可以实现数据的覆盖处理。

图 2-15 "替换"对话框

复制过程与移动过程类似，只是按组合键 Ctrl＋C（或单击"复制"按钮）即可。

系统为复制单元格到邻近单元格提供了附加选项。例如，要将单元格复制到下方的单元格区域，首先选中要复制单元格，然后向下扩大选区，使其包含要复制到的目标单元格，接着切换到菜单栏的"开始"选项卡，单击"编辑"选项组中的"填充"按钮，从弹出的下拉菜单中选择"向下"命令即可。

在使用"填充"下拉菜单中的命令时，不会将信息放到剪贴板中。

（3）设置字体格式与文本对齐方式。选定需要设置的单元格区域，单击菜单栏的"开始"选项卡，使用"字体"选项组中的"字体"和"字号"下拉列表框或其他控件即可设置字体格式。

在输入数据时，默认情况下，文本会靠左对齐，数字、而日期靠右对齐；用户可以在不改变数据类型的情况下，调整单元格中数据的对齐方式。

对数字设置好格式后，如果数据过长，单元格中会显示"＃＃＃＃"符号。此时，改变单元格的宽度，使之比其中数据的宽度稍大，数据显示即可恢复正常。

5. 快速填充有规律的数据

对于有规律的数据，可以使用填充柄进行快速输入，具体情况如下：

（1）填充相同的数据：在多个单元格中输入相同的数据。

① 输入相同的文本：在其中一个单元格中输入文本，然后将鼠标指针移动到该单元格右下方填充柄上；当鼠标指针变为 ✚ 时，长按鼠标左键，向下拖曳填充柄至合适的位置，即可在相应单元格区域快速填充相同的文本。

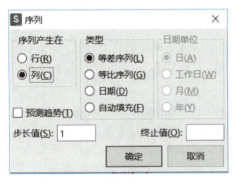

图 2‑16 自动填充序列对话框

② 输入相同的数值：在上下两个单元格内输入相同的数值，然后选定这两个单元格，通过填充柄进行填充。

（2）填充不同的数据：输入一个数值或日期，如在单元格中输入"1 月 5 日"，长按鼠标左键，向下拖曳填充柄，你会发现单元格区域将按照日期的等差序列进行填充；用户也可以长按鼠标右键向下拖曳填充柄，在弹出的快捷菜单中选择"序列"命令，对选定的单元格进行填充，如图 2‑16 所示。

七、格式刷

格式刷是一个非常实用的工具，使用格式刷，可以轻松地将一个单元格的格式应用到其他单元格，甚至实现隔行填充颜色或者替换特定单元格的颜色。具体操作如下：

（1）选择含有要复制的格式的单元格，然后单击"开始"菜单下的"格式刷"图标。接着选择要应用该格式的目标单元格，格式就会被复制过去。

（2）如果需要将格式应用到多个单元格，可以双击"格式刷"图标，这样就可以连续刷多个单元格而不需要再次选择源格式单元格。

（3）如果想要隔行给单元格填充颜色，首先设置一部分表格的颜色，然后选中这些单元格；双击"格式刷"，接着选中其他需要隔行填充颜色的表格区域，即可实现快速隔行填充颜色。

八、工作簿的保护、撤销保护和共享，工作表的保护、撤销保护

1. 工作簿的保护

单击菜单栏的"审阅"选项卡中的"保护工作簿"，输入密码并确认来开启保护，如图

2-17 所示。

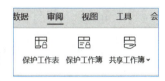

图 2-17 "保护工作簿"选项

2. 撤销对工作簿的保护

在已开启保护的工作簿上,找到"审阅"选项卡,单击"撤消工作簿保护"按钮,在弹出的对话框中输入之前设置的密码,然后选择"确定"来移除保护。

3. 共享工作簿

单击"审阅"选项卡,选择"共享工作簿",在弹出的设置中:勾选"允许多用户同时编辑,同时允许工作簿合并",并保存更改;将工作簿保存在其他用户可以访问的网络位置上,以便多位用户查看和编辑。

4. 保护工作表

选中要保护的工作表,单击"审阅"选项卡中的选择"保护工作表",设置允许的编辑权限和密码来进行保护。

5. 撤销工作表的保护

找到"审阅"选项卡,单击"撤销工作表保护",输入正确的密码即可取消保护。

九、工作表的样式、背景和主题选定

WPS 表格提供了多种预设的表格样式,这些样式可以直接应用到工作表中,帮助用户快速改善表格的外观。

1. 使用预设表格样式

选择需要美化的表格区域后,单击菜单栏中的"开始"选项卡,然后找到套用表格样式按钮 。在展开的样式列表中,可以选择 WPS 自带的预设样式。

2. 自定义表格样式

如果预设的样式无法满足需求,可以单击"新建表格样式"来自行设置。例如,可以设定特定行的条纹、字体、框线颜色等。设置完成后,该样式会保存在"表格样式－自定义"区域,方便以后使用。

3. 设置背景

单击菜单栏中的"页面"选项卡,然后找到"背景图片"按钮,并上传想要作为背景的图片。

4. 设置主题

单击菜单栏中的"页面"选项卡,然后找到"主题"按钮,可以根据自己的需求选择合适的主题、颜色、字体和效果。

【任务实施】

步骤 1:新建并保存工作簿

1. 新建工作簿

单击"文档"选项,单击"新建"按钮,在打开的"新建"选项卡中选择"表格"选项,选择

"空白表格"选项,如图 2-18 所示。系统将新建名为"工作簿 1"的空白工作簿。

图 2-18　新建工作簿

2. 保存并命名工作簿

(1) 选择"文件→另存为→WPS 表格 文件(∗.et)"选项,弹出"另存为"对话框。

(2) 在"另存为"对话框中选择具体的文件存放路径。在"文件名称"文本框中输入工作簿的名称"公司员工信息表",在"文件类型"下拉列表框中选择"WPS 表格 文件(∗.et)"选项,然后单击"保存"按钮,如图 2-19 所示。

图 2-19　"另存为"对话框

步骤 2：在工作表中输入数据

1. 输入工作表标题

在"员工信息表"中单击 A1 单元格，输入工作表标题"员工信息表"，如图 2-20 所示。

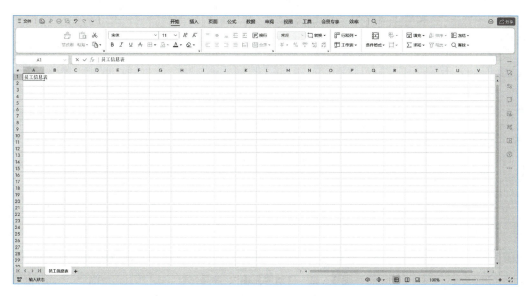

图 2-20　输入工作表标题

2. 输入各字段标题

在 A2:M2 单元格区域的各个单元格中分别输入各字段标题，如图 2-21 所示。

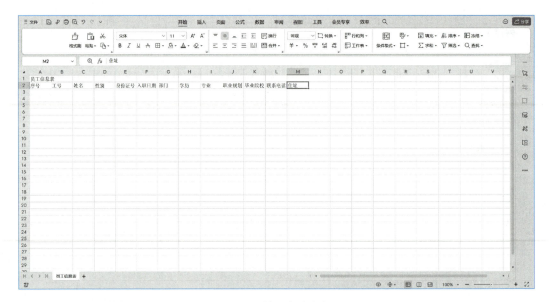

图 2-21　输入各字段标题

3. 输入"序号"列数据

选定 A3 单元格,输入数字"1",将鼠标指针移动到 A3 单元格的填充柄上,当鼠标指针变为 ✚ 时,长按鼠标左键,拖曳至 A17 单元格,松开鼠标左键,"序号"列将自动填充完成,效果如图 2-22 所示。

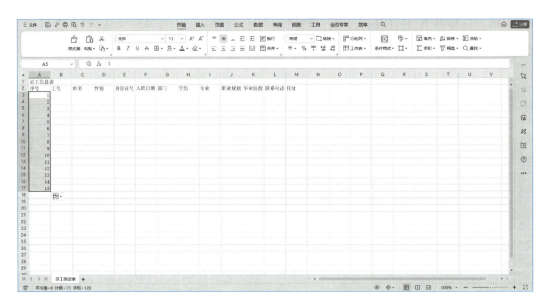

图 2-22　自动填充输入"序号"列

4. 输入"性别"列数据

(1) 单击 D3 单元格,输入"男",并将该列全部填充为"男"。

(2) 选定"性别"列中第一个员工性别应为"女"的单元格,长按 Ctrl 键分别单击其他性别应为女的单元格。

（3）输入"女"，按组合键 Ctrl＋Enter，可以将选定的单元格均输入"女"，如图 2 - 23 所示。

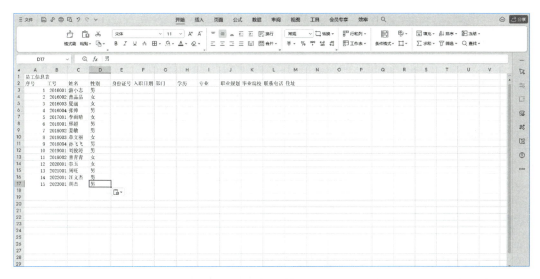

图 2 - 23　输入"性别"列数据

5. 输入"身份证号"列数据

（1）选定 E3：E17 单元格区域，右击，在弹出的快捷菜单中选择"设置单元格格式"命令，打开"单元格格式"对话框，在"数字"子选项下选择"文本"，单击"确定"按钮，如图 2 - 24 所示。

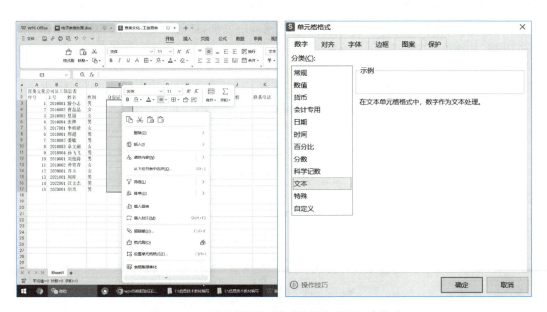

图 2 - 24　在"单元格格式"对话框中设置文本格式

（2）在 E3:E17 单元格区域中依次输入每个员工的身份证号,效果如图 2 - 25 所示。

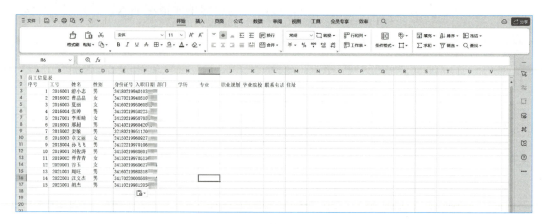

图 2 - 25　输入身份证号

小贴士

另一种将数值型数据更改为文本型数据的方法——双击单元格,在单元格的数据最前面添加英文输入状态下的单引号,即可将数值型数据更改为文本型数据。

步骤 3:设置数据有效性

1. 设置"部门"列数据有效性

（1）在"员工信息表"中选定 G3:G17 单元格区域,单击菜单栏的"数据"选项卡;找到"有效性"按钮,在"设置"子选项的"有效性条件"功能区中找到"允许";在下拉列表框中选择"序列"选项,在"来源"文本框中输入"设计部,市场部,编导部,采购部",然后单击"确定"按钮,如图 2 - 26 所示。

图 2 - 26　设置数据有效性

（2）返回"员工信息表"工作表，此时 G3 单元格右侧将显示下拉按钮，单击该下拉按钮，在打开的下拉列表中选择对应的部门名称，如图 2 - 27 所示，即可输入数据。

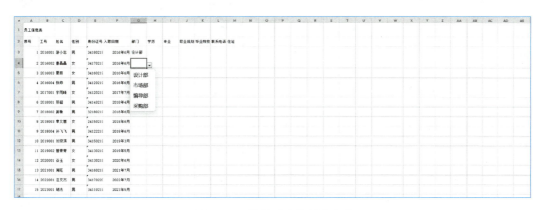

图 2 - 27 选择对应的部门名称

（3）利用下拉列表完成 G4:G17 单元格区域中数据的输入。

2. 设置"联系电话"列数据有效性

（1）选择 L3:L17 单元格区域，使用上述方法打开"数据有效性"对话框。在"设置"子选项的"允许"下拉列表中选择"整数"选项；在"数据"下拉列表中选择"介于"选项，分别在"最小值""最大值"文本框中输入"10000000000""99999999999"，如图 2 - 28 所示。

（2）单击"输入信息"子选项，在"标题"文本框中输入"注意"，在"输入信息"文本框中输入"请输入 11 位的手机号码！"，如图 2 - 29 所示。完成后单击"确定"按钮。

图 2 - 28 设置有效性条件

图 2 - 29 设置输入信息

（3）返回"员工信息表"工作表，此时在 L3:L17 单元格区域中输入数据时，会提示应该输入的数据范围，如果输入的数据不在该范围内，将弹出对话框提示输入错误。

步骤 4：美化表格

1. 合并标题单元格

选定 A1:M1 单元格区域，单击"开始"选项卡中的"合并"按钮，在下拉菜单中选择"合

●操作视频

美化员工
信息表

并居中",将标题区域单元格进行合并,如图 2 - 30 所示。

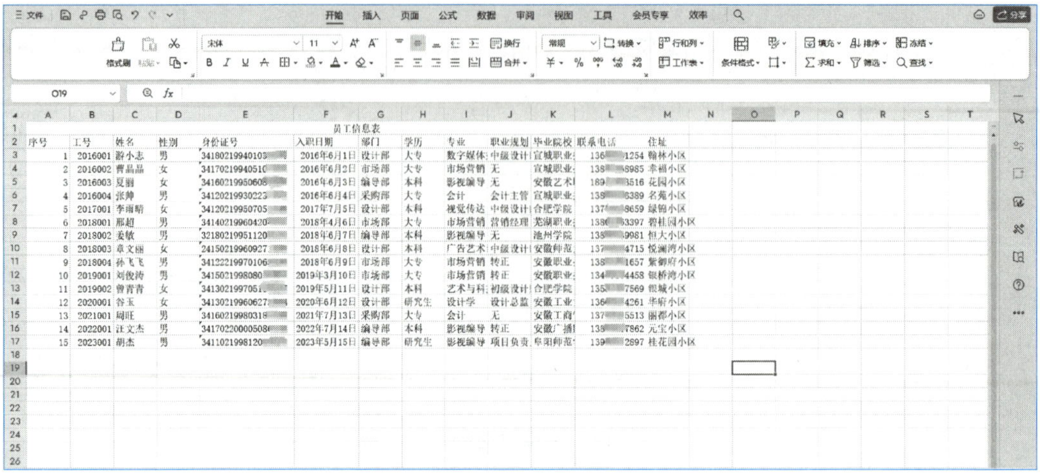

图 2 - 30　合并标题区域单元格

2. 修改标题格式

选定标题单元格,设置字体为黑体,字号为 25,效果如图 2 - 31 所示。

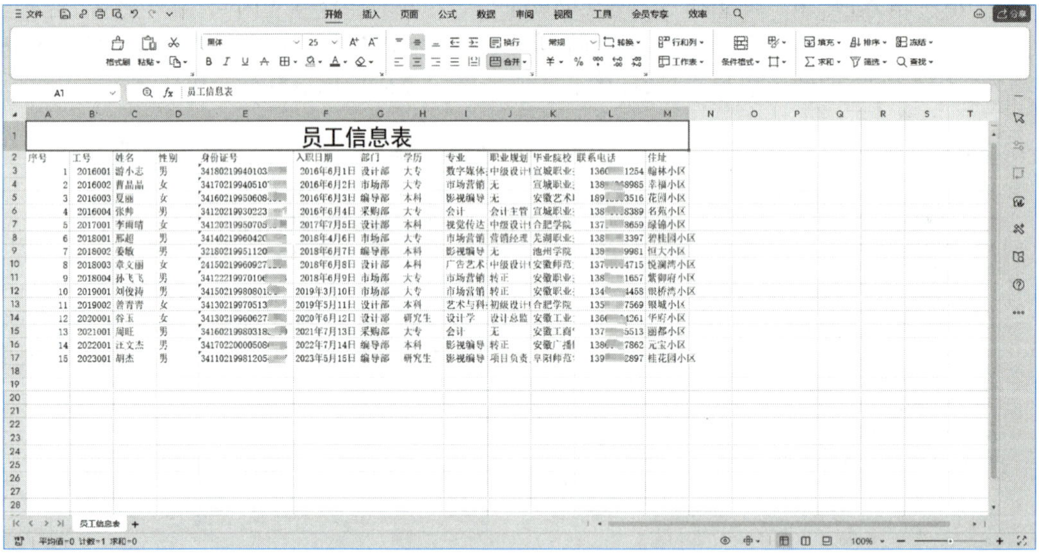

图 2 - 31　美化表格标题

3. 修改列标题格式

选定 A2:M2 单元格区域,右击,在弹出的快捷菜单中选择"设置单元格格式"命令,打开"单元格格式"对话框,在"字体"子选项下设置字体为黑体,字号为 16,字体颜色为黄色;在"图案"子选项下设置填充颜色为深蓝,单击"确定"按钮,如图 2 - 32所示。

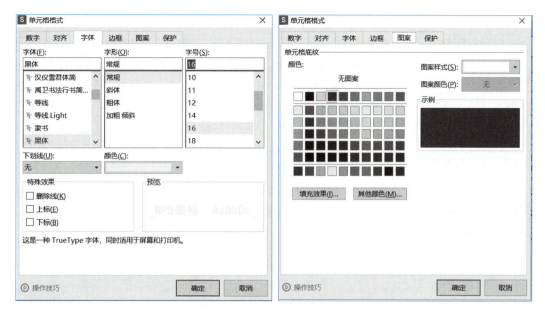

图 2‑32　美化列标题

小　贴　士

设置单元格格式时，还可以通过按组合键 Ctrl＋1 打开"单元格格式"对话框，对"数字""对齐""字体""边框""图案""保护"等选项进行设置。

4. 设置数据区域字符格式

选定 A3:M17 单元格区域，设置"字体"为宋体，"字号"为 14，效果如图 2‑33 所示。

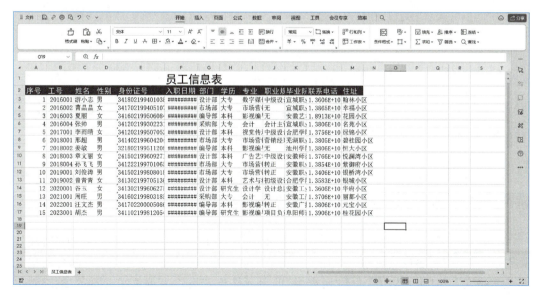

图 2‑33　设置数据区域字符格式

5. 调整行高和列宽

（1）调整行高：将鼠标指针移动到表格最左边行号"1"和"2"之间的分割线上,当鼠标

变成 ↥ 时,向下拖曳鼠标,鼠标指针右侧将弹出显示行高低浮动工具栏,将第 1 行的行高调整成 60;将鼠标指针移动到表格最左边的行号"2"上,长按鼠标左键,向下拖曳至行号 17;选定第 2 至第 17 行,单击鼠标右键,在弹出的快捷菜单中单击"行高"命令;在打开的"行高"对话框中输入"1",将单位更改为"厘米",如图 2-34 所示。

图 2-34　"行高"对话框

（2）调整列宽：将鼠标指针放置在 A 列和 B 列之间的分割线上,当鼠标指针变为 ↔ 时,双击鼠标左键,可以快速将 A 列列宽设置为最适合的列宽,用同样的方法,调整其余各列的列宽,效果如图 2-35 所示。

图 2-35　调整列宽

6. 调整对齐方式

选定 A2:M17 单元格区域,单击"开始"选项卡中的"水平居中"和"垂直居中"按钮;或者右击,通过快捷菜单打开"单元格格式"对话框,单击"对齐"子选项,把"水平对齐"和"垂直对齐"均设置为"居中",单击"确定"按钮,效果如图 2-36 所示。

7. 添加表格边框

选定 A2:M17 单元格区域,右击,通过快捷菜单打开"单元格格式"对话框,单击"边框"选项卡,设置双实线外边框、单实线外边框,单击"确定"按钮,如图 2-37 所示。

8. 将"硕士"学历以黄色底纹突出显示

选定 H3:H17 单元格区域,单击"开始"选项卡中的"条件格式"按钮,选择"新建规则"选项;打开"新建格式规则"对话框,如图 2-38 所示;选择"只为包含以下内容的单元格设置格式",将"单元格值"等于"研究生"的单元格格式设置为黄色底纹图案,最终效果如图 2-39 所示。

图 2-36　调整"对齐"方式

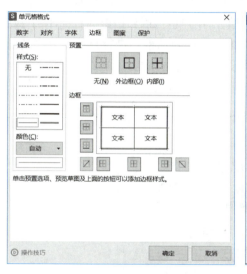

图 2-37　设置表格边框

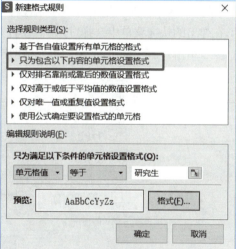

图 2-38　"新建格式规则"对话框

员工信息表

序号	工号	姓名	性别	身份证号	入职日期	部门	学历	专业	职业规划（5年）	毕业院校	联系电话	住址
1	2016001	潘小志	男	34180219940103■■	2016年6月	设计部	大专	数字媒体技术	中级设计师	宣城职业技术学院	136■■1254	翰林小区
2	2016002	曹晶晶	女	34170219940510■■	2016年6月	市场部	大专	市场营销	无	宣城职业技术学院	138■■8985	幸福小区
3	2016003	夏丽	女	34160219950608■■	2016年6月	编导部	本科	影视编导	无	安徽艺术职业学院	189■■3516	花园小区
4	2016004	张帅	男	34120219930223■■	2016年6月	采购部	大专	会计	会计主管	宣城职业技术学院	138■■8389	名苑小区
5	2017001	李雨晴	女	34120219950705■■	2017年7月	设计部	本科	视觉传达	中级设计师	合肥学院	137■■8659	绿锦小区
6	2018001	邢超	男	34140219960420■■	2018年4月	市场部	大专	市场营销	营销经理	芜湖职业技术学院	138■■3397	碧桂园小区
7	2018002	姜敬	男	32180219951120■■	2018年6月	编导部	本科	影视编导	无	池州学院	138■■9981	恒大小区
8	2018003	章文丽	女	24150219960927■■	2018年6月	设计部	本科	广告艺术设计	中级设计师	安徽师范大学	137■■4715	悦澜湾小区
9	2018004	孙飞飞	男	34122219970106■■	2018年6月	市场部	大专	市场营销	转正	安徽职业技术学院	138■■1657	紫御府小区
10	2019001	刘俊涛	男	34150219980801■■	2019年3月	市场部	大专	市场营销	转正	安徽职业技术学院	134■■4458	银桥湾小区
11	2019002	曾青青	女	34130219970513■■	2019年5月	设计部	本科	艺术与科技	初级设计师	合肥学院	135■■7569	银城小区
12	2020001	谷玉	女	34130219960620■■	2020年6月	设计部	研究生	设计学	设计总监	安徽工业大学	136■■4261	华府小区
13	2021001	周旺	男	34160219930318■■	2021年7月	采购部	大专	会计	无	安徽工商管理学院	137■■5513	莆都小区
14	2022001	汪文杰	男	34170220000508■■	2022年7月	编导部	本科	影视编导	转正	安徽广播影视职业学院	138■■7862	元宝小区
15	2023001	胡杰	男	34110219981205■■	2023年5月	编导部	研究生	影视编导	项目负责人	阜阳师范学院	139■■2897	桂花园小区

图 2-39　员工信息表的最终效果

【拓展提升】

在 WPS 表格中,对于有规律的数据,可以使用填充柄进行快速输入,具体操作如下。

1. 填充相同的数据(在多个单元格中输入相同的数据)

➤ 输入相同的文本:在其中一个单元格中输入文本,然后将鼠标指针移动到该单元格右下方填充柄上,当鼠标指针变为 ✚ 时,长按鼠标左键,向下拖曳填充柄至合适的位置,便会在相应单元格区域快速填充相同的文本。

➤ 输入相同的数值:在上下两个单元格内输入相同的数值,然后选定两个单元格,通过填充柄进行填充。

2. 填充不同的数据(在多个单元格中输入不同的数据)

输入一个数值或日期,如在单元格中输入"1 月 5 日",长按鼠标左键,向下拖曳填充柄,会发现单元格区域按照日期的等差序列进行了填充;用户也可以长按鼠标右键,向下拖曳填充柄,在弹出的快捷菜单中选择"序列",在打开的"序列"对话框中进行自动填充序列设置,设置完毕,单击"确定"按钮,选定的单元格即按设置要求进行填充,如图 2 - 40 所示。

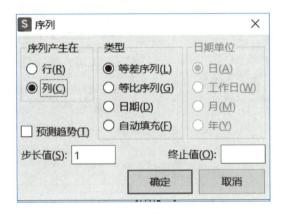

图 2 - 40　自动填充序列设置

任务 2.2　员工工资表数据处理

【任务描述】

小王来公司实习已经快有一个月的时间了,月底财务处需要计算所有员工工资。小王接到的第二个任务就是对公司所有员工的工资进行计算处理,并制作电子汇总表。小王将使用 WPS 表格来完成这项任务,并将所有员工的重要信息处理后再上传到公司网站。数据汇总后的公司员工工资表如图 2 - 41 所示。

员工工资表

序号	工号	姓名	部门	基本工资	考核等次	绩效工资	扣款合计	应发工资	实发工资
1	2016001	游小志	设计部	¥3,200.00	优秀	¥2,800.00	¥400.00	¥6,000.00	¥5,600.00
2	2016002	曹晶晶	市场部	¥3,000.00	合格	¥2,000.00	¥380.00	¥5,000.00	¥4,620.00
3	2016003	夏丽	编导部	¥3,350.00	合格	¥2,000.00	¥412.00	¥5,350.00	¥4,938.00
4	2016004	张帅	采购部	¥3,100.00	合格	¥2,000.00	¥392.00	¥5,100.00	¥4,708.00
5	2017001	李雨晴	设计部	¥3,300.00	合格	¥2,000.00	¥408.00	¥5,300.00	¥4,892.00
6	2018001	邢超	市场部	¥3,180.00	合格	¥2,000.00	¥396.00	¥5,180.00	¥4,784.00
7	2018002	姜敏	编导部	¥3,260.00	合格	¥2,000.00	¥410.00	¥5,260.00	¥4,850.00
8	2018003	章文丽	设计部	¥3,280.00	合格	¥2,000.00	¥412.00	¥5,280.00	¥4,868.00
9	2018004	孙飞飞	市场部	¥3,080.00	合格	¥2,000.00	¥390.00	¥5,080.00	¥4,690.00
10	2019001	刘俊涛	市场部	¥3,050.00	合格	¥2,000.00	¥388.00	¥5,050.00	¥4,662.00
11	2019002	曾青青	设计部	¥3,250.00	不合格	¥-500.00	¥410.00	¥2,750.00	¥2,340.00
12	2020001	谷玉	设计部	¥3,420.00	合格	¥2,000.00	¥428.00	¥5,420.00	¥4,992.00
13	2021001	周旺	采购部	¥3,180.00	合格	¥2,000.00	¥402.00	¥5,180.00	¥4,778.00
14	2022001	汪文杰	编导部	¥3,250.00	合格	¥2,000.00	¥410.00	¥5,250.00	¥4,840.00
15	2023001	胡杰	编导部	¥3,360.00	合格	¥2,000.00	¥422.00	¥5,360.00	¥4,938.00
汇总				总人数	15	最高实发工资	5600	实发工资合计	70500
				优秀人数	1	最低实发工资	2340	平均实发工资	4700

‹ › ›|　　**员工工资表**　员工信息表　+　　　　　　　　|◀　━━

图 2-41　员工工资表

【任务分析】

一、任务目标

在进行工资表管理时,经常需要对员工的信息进行更新处理,使用公式和函数对数据进行运算,可以提高数据处理效率。请对"员工工资表"中的"绩效工资""应发工资""实发工资"等数据进行运算和统计。

二、需求分析

(1)使用公式来计算员工的"应发工资"和"实发工资"等关键指标。

(2)利用函数来计算员工的"合计实发工资""平均实发工资""最高实发工资""最低实发工资""总人数""优秀人数"等数据。

【知识准备】

利用 WPS 表格对已有数据进行计算和汇总时,需要掌握相对引用、绝对引用、混合引用及工作表外单元格的引用方法;熟悉公式和函数的使用,掌握"平均值"等常见函数的使用,从而提高日常工作中数据的处理能力。

一、相对地址和绝对地址

在 WPS 中,相对地址和绝对地址是处理数据时经常使用的两种单元格引用方式。

1. 相对地址

当公式被复制到其他位置时,相对地址会根据公式所在新位置做出相应调整。这种引用方式适用于那些需要基于相同偏移量进行计算的场景,例如,在表格的 F2 单元格中有一个引用 B2 的公式,当你向下拖曳填充柄以复制该公式到 F3 时,F3 中的公式会自动调整为引用 B3。

2. 绝对地址

无论公式如何被移动或复制,绝对地址总是指向同一个特定的单元格。这种引用方式适用于那些需要固定参照某个单元格的值进行计算的场景。例如,在计算利息时,利率所在的单元格需要保持不变。在表格中,如果你在 F2 单元格中输入了公式"=B2",即使你将这个公式拖曳到其他单元格(比如 F3)它仍然会引用 B2 这个单元格。

二、公式和函数

公式由运算符和操作数构成,它以"="开头,通过使用运算符将数据、函数等元素按一定顺序连接起来,形成一个表达式。运算符主要包括算术运算符、比较运算符、文本运算符和引用运算符等。操作数可以是常量、单元格引用和函数等。

注意:WPS 表格的公式必须以"="开头,并且在输入公式时,应确保使用英文半角字符(所有公式都要在英文状态下输入)。当公式引用了单元格的数据,并且这些数据被修改后,公式的计算结果会自动更新。函数通常由函数名称和函数参数两部分组成。函数的一般格式为"=函数名(参数 1,参数 2,…)",函数名表示要执行什么操作,参数则提供必要的数据或条件,放在函数名后面的括号里。例如"=SUM(C3:C10)",表示对单元格区域 C3 到 C10 的数值进行求和。有些函数可能不需要参数,可以用"=函数名()",例如"=TODAY()",就是得到系统的当前日期。合理利用函数可以完成多种数据处理任务,诸如求和、计算平均值、找出最大值和最小值、进行计数、条件判断等。这些功能对于查询和处理数据至关重要。

1. 运算符

主要包含 4 类运算符:算术运算符、比较运算符、文本运算符和引用运算符,见表 2-1。

表 2-1　WPS 表格的运算符

运算符类型	运算符	运算符含义	示　例
算术运算符	+、-、*、/、%、^	加、减、乘、除、百分比、乘方	A1+B2、A1-B2、A1*B2、A1/B2、68%、2^3
比较运算符	=、>、<、>=、<=、<>	等于、大于、小于、大于等于、小于等于、不等于	A1=B2、A1>B2、A1<B2、A1>=B2、A1<=B2、A1<>B2

续　表

运算符类型	运算符	运算符含义	示　例
引用运算符	:、,	区域引用 联合引用	A1:E6 表示引用 A1 到 E6 之间的连续矩形区域; A1,E6 表示引用 A1 和 E6 两个单元格
文本运算符	&	文本连接	A1&B2 表示将 A1 和 B2 两个单元格中的文本连接成一个文本

2. 常用函数介绍

WPS 表格的函数大致分为 12 种类别,总共有约 400 个函数。现就常用函数介绍如下,见表 2-2。

表 2-2　常用函数介绍

函数名称	格　式	功　能
求和函数:SUM	SUM(数值 1,数值 2,…)	返回某一单元格区域中所有数值之和
条件求和函数:SUMIF	SUMIF(区域,条件,[求和区域])	对满足条件的单元格求和
多条件求和函数 SUMIFS	SUMIFS(求和区域,区域 1,条件 1,[区域 2],[条件 2],…)	对区域中满足多个条件的单元格之和
平均值函数 AVERAGE	AVERAGE(数值 1,数值 2,…)	返回所有参数的平均值(算术平均值)。参数可以是数值、名称、数组、引用。
指定条件求平均值函数 AVERAGEIF	AVERAGEIF(区域、条件,求平均值区域)	返回某个区域内满足给定条件的所有单元格的算术平均值
最大值函数 MAX	MAX(数值 1,数值 2,…)	返回参数列表中的最大值,忽略文本值和逻辑值
最小值函数 MIN	MIN(数值 1,数值 2,…)	返回参数列表中所有参数的最小值
统计函数 COUNT	COUNT(数值 1,数值 2,…)	返回包含数字的单元格以及参数列表中的数字的个数
带条件统计个数函数 COUNTIF	COUNTIF(区域、条件)	计算区域中满足给定条件的单元格的个数
逻辑函数 IF	IF(测试条件,真值,假值)	判断一个条件是否满足:如果满足返回一个值,如果不满足则返回另一个值

3. 单元格引用

（1）相对引用。相对引用是指在复制公式时，公式中单元格的行号、列标会根据目标单元格所在的行号、列标的变化自动进行调整。形象地说，相对引用就像人的影子，"你走，我也走"。

（2）绝对引用。绝对引用是指在公式复制时，不论目标单元格在什么位置，公式中单元格的行号和列标均保持不变。绝对引用的表示方法是在列标和行号前面都加"＄"，如"＄B＄2"。在实际操作中，选中公式或函数中引用的单元格地址，按下 F4 键可快速添加"＄"符号。

（3）混合引用。在复制公式时，如果希望公式中的单元格的行号或列标中只有一个要进行自动调整，而另一个保持不变，可以使用混合引用。

混合引用的表示方法是在需要固定的列标或行号前面加上符号"＄"，如"B＄2""＄B6"；在实际操作上也可以按 F4 键来添加"＄"符。对列使用绝对引用，意味着将列固定；对行使用绝对引用，意味着将行固定。

（4）跨工作表的单元格地址引用。单元格地址的一般形式为：

［工作簿文件名］工作表名！单元格地址

在引用当前工作簿的各工作表单元格地址时，可以省略当前"［工作簿文件名］"；引用同一工作表单元格的地址时，可以省略"工作表名！"。例如，单元格 F4 中的公式为"＝(C4＋D4＋E4)＊Sheet3!C1"，其中"Sheet3!C1"表示当前工作簿 Sheet3 工作表中的 C1 单元格地址，而 C4 表示当前工作表 C4 单元格地址。

用户可以引用同一工作簿中不同工作表的单元格，也可以引用多个工作表中的相同单元格。例如公式"＝SUM(［Book1.xlsx］Sheet3:Sheet4!＄C＄5)"表示对 Book1 工作簿中 Sheet3 到 Sheet4 两个工作表的 C5 单元格内容进行求和。这种引用同一工作簿中多个工作表上相同单元格或单元格区域中数据的方法称为三维引用。

4. 函数的常用输入方法

在 WPS 表格中，函数的输入方法有很多种，这里介绍四种常用的输入方法。在实际使用函数过程中，可根据自己的习惯选择其中一种方式来完成函数的输入工作。

方法一：单击"公式"→"插入"，用户可根据需求选择相应的函数。

方法二：找到"开始"→"∑求和"选项，单击右侧的下三角按钮，在下拉列表中可选择常用函数和其他函数。

方法三：单击菜单的"公式"选项，在单元格编辑栏左侧找到图标 fx，或按组合键 Shift＋F3 打开"插入函数"对话框，在对话框中输入函数名称，或在"选择类别"的列表中选择相应的函数。

方法四：如对函数非常了解，也可直接手动输入函数。比如，需要求平均值，则只需要在单元格手动输入"＝AVERAGE()"即可使用该函数。

5. 公式运算错误信息

在单元格输入或编辑公式后，有时会出现诸如"＃＃＃＃!"或"＃VALUE!"的错误提示，这些错误值一般以"＃"符号开头。

●操作视频

计算员工
工资表数据

【任务实施】

步骤 1：计算应发工资和实发工资

1. 打开员工工资表

小王从财务处拿到了员工工资的原始表格，他打开员工工资表，如图 2-42 所示。

序号	工号	姓名	部门	基本工资	考核等次	绩效工资	扣款合计	应发工资	实发工资
1	2016001	游小志	设计部	¥3,200.00	优秀	¥2,800.00	¥400.00		
2	2016002	曹晶晶	市场部	¥3,000.00	合格	¥2,000.00	¥380.00		
3	2016003	夏丽	编导部	¥3,350.00	合格	¥2,000.00	¥412.00		
4	2016004	张帅	采购部	¥3,100.00	合格	¥2,000.00	¥392.00		
5	2017001	李雨晴	设计部	¥3,300.00	合格	¥2,000.00	¥408.00		
6	2018001	邢超	市场部	¥3,180.00	合格	¥2,000.00	¥396.00		
7	2018002	姜敏	编导部	¥3,260.00	合格	¥2,000.00	¥410.00		
8	2018003	章文丽	设计部	¥3,280.00	合格	¥2,000.00	¥412.00		
9	2018004	孙飞飞	市场部	¥3,080.00	合格	¥2,000.00	¥390.00		
10	2019001	刘俊涛	市场部	¥3,050.00	合格	¥2,000.00	¥388.00		
11	2019002	曾青青	设计部	¥3,250.00	不合格	¥-500.00	¥410.00		
12	2020001	谷玉	设计部	¥3,420.00	合格	¥2,000.00	¥428.00		
13	2021001	周旺	采购部	¥3,180.00	合格	¥2,000.00	¥402.00		
14	2022001	汪文杰	编导部	¥3,250.00	合格	¥2,000.00	¥410.00		
15	2023001	胡杰	编导部	¥3,360.00	合格	¥2,000.00	¥422.00		

图 2-42　员工工资表

2. 公式计算

利用基本数学运算的公式来完成员工工资表中的"应发工资"的数据计算。计算公式为应发工资＝基本工资＋绩效工资

具体操作方法：打开"员工工资表"工作表，选择 I3 单元格，在单元格中或者编辑栏中输入"＝E3＋G3"。如图 2-43 所示，完成公式的编辑后直接按 Enter 键即可求出应发工资。

员工的实发工资＝应发工资－扣款合计，分别在 J3 单元格中输入"＝I3－H3"，如图 2-44 所示，直接按 Enter 键即可求出实发工资。

选中 I3:J3 单元格，拖曳 J3 单元格右下角的填充柄向下到 J17，如图 2-45 所示，完成其他员工的应发工资和实发工资计算。

步骤 2：利用常用函数汇总员工工资表数据

根据财务处统计需要，要对员工人数和实发工资等信息进行汇总，如图 2-46 所示。

小王决定利用 SUM、AVERAGE、MAX、MIN、COUNT、COUNTIF 等函数功能完

图 2－43　计算"应发工资"

图 2－44　计算"实发工资"

成对工资统计表中的"合计实发工资""平均实发工资""最高实发工资""最低实发工资""总人数""优秀人数"的相关数据计算。

具体操作方法：

| | | | I3 | | f_x | =E3+G3 | | | |

A	B	C	D	E	F	G	H	I	J
						员工工资表			
序号	工号	姓名	部门	基本工资	考核等次	绩效工资	扣款合计	应发工资	实发工资
1	2016001	游小志	设计部	¥3,200.00	优秀	¥2,800.00	¥400.00	¥6,000.00	¥5,600.00
2	2016002	曹晶晶	市场部	¥3,000.00	合格	¥2,000.00	¥380.00	¥5,000.00	¥4,620.00
3	2016003	夏丽	编导部	¥3,350.00	合格	¥2,000.00	¥412.00	¥5,350.00	¥4,938.00
4	2016004	张帅	采购部	¥3,100.00	合格	¥2,000.00	¥392.00	¥5,100.00	¥4,708.00
5	2017001	李雨晴	设计部	¥3,300.00	合格	¥2,000.00	¥408.00	¥5,300.00	¥4,892.00
6	2018001	邢超	市场部	¥3,180.00	合格	¥2,000.00	¥396.00	¥5,180.00	¥4,784.00
7	2018002	姜敏	编导部	¥3,260.00	合格	¥2,000.00	¥410.00	¥5,260.00	¥4,850.00
8	2018003	章文丽	设计部	¥3,280.00	合格	¥2,000.00	¥412.00	¥5,280.00	¥4,868.00
9	2018004	孙飞飞	市场部	¥3,080.00	合格	¥2,000.00	¥390.00	¥5,080.00	¥4,690.00
10	2019001	刘俊涛	市场部	¥3,050.00	合格	¥2,000.00	¥388.00	¥5,050.00	¥4,662.00
11	2019002	曾青青	设计部	¥3,250.00	不合格	¥-500.00	¥410.00	¥2,750.00	¥2,340.00
12	2020001	谷玉	设计部	¥3,420.00	合格	¥2,000.00	¥428.00	¥5,420.00	¥4,992.00
13	2021001	周旺	采购部	¥3,180.00	合格	¥2,000.00	¥402.00	¥5,180.00	¥4,778.00
14	2022001	汪文杰	编导部	¥3,250.00	合格	¥2,000.00	¥410.00	¥5,250.00	¥4,840.00
15	2023001	胡杰	编导部	¥3,360.00	合格	¥2,000.00	¥422.00	¥5,360.00	¥4,938.00

图 2-45　利用填充柄完成计算

				员工工资表					
序号	工号	姓名	部门	基本工资	考核等次	绩效工资	扣款合计	应发工资	实发工资
1	2016001	游小志	设计部	¥3,200.00	优秀	¥2,800.00	¥400.00	¥6,000.00	¥5,600.00
2	2016002	曹晶晶	市场部	¥3,000.00	合格	¥2,000.00	¥380.00	¥5,000.00	¥4,620.00
3	2016003	夏丽	编导部	¥3,350.00	合格	¥2,000.00	¥412.00	¥5,350.00	¥4,938.00
4	2016004	张帅	采购部	¥3,100.00	合格	¥2,000.00	¥392.00	¥5,100.00	¥4,708.00
5	2017001	李雨晴	设计部	¥3,300.00	合格	¥2,000.00	¥408.00	¥5,300.00	¥4,892.00
6	2018001	邢超	市场部	¥3,180.00	合格	¥2,000.00	¥396.00	¥5,180.00	¥4,784.00
7	2018002	姜敏	编导部	¥3,260.00	合格	¥2,000.00	¥410.00	¥5,260.00	¥4,850.00
8	2018003	章文丽	设计部	¥3,280.00	合格	¥2,000.00	¥412.00	¥5,280.00	¥4,868.00
9	2018004	孙飞飞	市场部	¥3,080.00	合格	¥2,000.00	¥390.00	¥5,080.00	¥4,690.00
10	2019001	刘俊涛	市场部	¥3,050.00	合格	¥2,000.00	¥388.00	¥5,050.00	¥4,662.00
11	2019002	曾青青	设计部	¥3,250.00	不合格	¥-500.00	¥410.00	¥2,750.00	¥2,340.00
12	2020001	谷玉	设计部	¥3,420.00	合格	¥2,000.00	¥428.00	¥5,420.00	¥4,992.00
13	2021001	周旺	采购部	¥3,180.00	合格	¥2,000.00	¥402.00	¥5,180.00	¥4,778.00
14	2022001	汪文杰	编导部	¥3,250.00	合格	¥2,000.00	¥410.00	¥5,250.00	¥4,840.00
15	2023001	胡杰	编导部	¥3,360.00	合格	¥2,000.00	¥422.00	¥5,360.00	¥4,938.00
汇总			总人数		最高实发工资			实发工资合计	
			优秀人数		最低实发工资			平均实发工资	

图 2-46　待汇总员工工资表

1. 利用常用函数计算合计实发工资等数据

（1）求和函数 SUM()。选定 J3 单元格，长按鼠标左键拖曳到 J17 单元格，以选中这个区域；在选中状态下，单击"开始"→"∑求和"按钮，在下拉列表中选择"∑求和"按钮,此时系统自动输入函数"＝SUM(J3:J17)",并在下方单元格内显示计算结果,结果如图 2-47 所示。

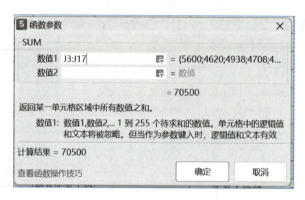

图 2-47　"求和函数"

(2) 求平均值函数 AVERAGE()。选定 J3 单元格,长按鼠标左键拖曳到 J17 单元格,以选中这个区域;在选中状态下,单击"开始"→"∑求和"按钮、单击右侧的下三角按钮,选择"平均值"按钮,此时系统自动输入函数"＝AVERAGR(J3:J18)",并在下方单元格内显示计算结果如图 2-48 所示。

D	E	F	G	H	I	J	K
设计部	￥3,200.00	优秀	￥2,800.00	￥400.00	￥6,000.00	￥5,600.00	
市场部	￥3,000.00	合格	￥2,000.00	￥380.00	￥5,000.00	￥4,620.00	
编导部	￥3,350.00	合格	￥2,000.00	￥412.00	￥5,350.00	￥4,938.00	
采购部	￥3,100.00	合格	￥2,000.00	￥392.00	￥5,100.00	￥4,708.00	
设计部	￥3,300.00	合格	￥2,000.00	￥408.00	￥5,300.00	￥4,892.00	
市场部	￥3,180.00	合格	￥2,000.00	￥396.00	￥5,180.00	￥4,784.00	
编导部	￥3,260.00	优秀	￥2,000.00	￥410.00	￥5,260.00	￥4,850.00	
设计部	￥3,280.00	合格	￥2,000.00	￥412.00	￥5,280.00	￥4,868.00	
市场部	￥3,080.00	合格	￥2,000.00	￥390.00	￥5,080.00	￥4,690.00	
市场部	￥3,050.00	合格	￥2,000.00	￥388.00	￥5,050.00	￥4,662.00	
设计部	￥3,250.00	不合格	￥-500.00	￥410.00	￥2,750.00	￥2,340.00	
设计部	￥3,420.00	合格	￥2,000.00	￥428.00	￥5,420.00	￥4,992.00	
采购部	￥3,180.00	合格	￥2,000.00	￥402.00	￥5,180.00	￥4,778.00	
编导部	￥3,250.00	合格	￥2,000.00	￥410.00	￥5,250.00	￥4,840.00	
编导部	￥3,360.00	合格	￥2,000.00	￥422.00	￥5,360.00	￥4,938.00	
	总人数		最高实发工资		实发工资合计	70500	
	优秀人数		最低实发工资		平均实发工	=AVERAGE(J3:J17)	

函数编辑栏:× ✓ fx =AVERAGE(J3:J18)

图 2-48　"平均值函数"

如默认参数范围不正确,可用鼠标拖曳的方法重新选择 J3:J17 单元格区域或者手动更改为"＝AVERAGE(J3:J17)",如图 2-49 所示,按 Enter 键即可求出平均值。

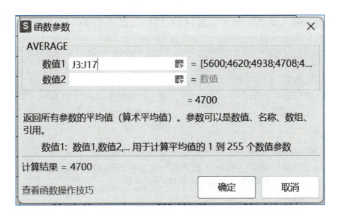

图 2‐49　"AVERAGE 函数"对话框

（3）最大值 MAX 函数。选定 H18 单元格，输入函数"＝MAX(J3:J17)"，即可计算"最高实发工资"，如图 2‐50 所示。

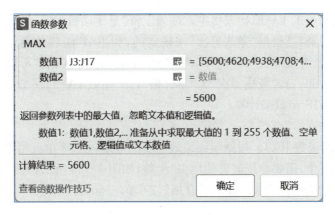

图 2‐50　"MAX 函数"对话框

选定 H19 单元格，输入函数"＝MIN(J3:J17)"，即可计算"最低实发工资"，如图 2‐51 所示。

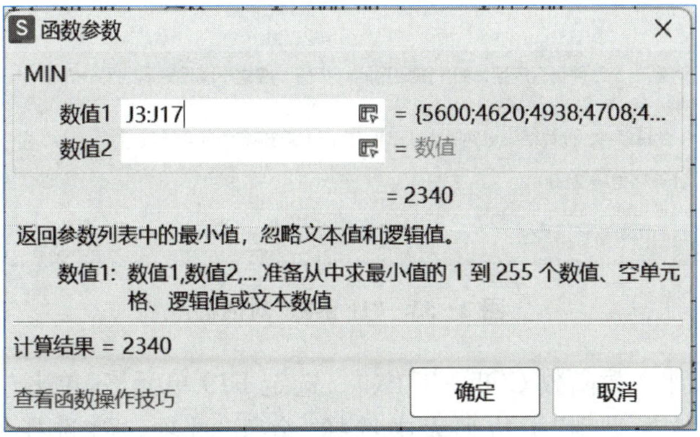

图 2‐51　"MIN 函数"对话框

选定 F18 单元格,输入函数"=COUNT(J3:J17)",即可计算"总人数",如图 2-52 所示。

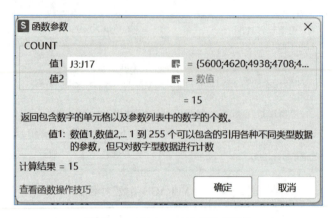

图 2-52 "COUNT 函数"对话框

2. 利用 IF、COUNTIF 函数计算绩效工资及优秀人数

在财务处给的员工工资原始表格中,"绩效工资"是手动输入的,而财务处的工作人员告诉小王,"绩效工资"是根据"考核等次"来确定的,利用 IF 函数功能完成员工工资表中的"绩效工资"。若"考核等次"为"优秀",则"绩效工资"为 2 800;若"考核等次"为"合格",则"绩效工资"为 2 000;若"考核等次"为"不合格",则"绩效工资"为-500。而"优秀人数"可以利用 COUNTIF 函数来计算。

具体操作方法:

(1) 逻辑判断函数 IF()。根据前面绩效工资的规定,在 F3 单元格用函数 IF()判断,但是由于结果有三个,需要使用嵌套使用 IF 函数,如图 2-53 所示,具体函数如下:

=IF(F3="优秀",2 800,IF(F3="合格",2 000,-500))

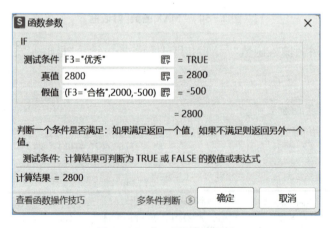

图 2-53 "IF 函数"对话框

(2) 带条件统计个数函数 COUNTIF()。选定 F19 单元格,单击 fx 按钮,打开"插入函数"对话框,在"选择类别"下拉列表中选择"全部"选项,在"选择函数"列表中选择"COUNTIF"并单击"确定"按钮。打开"函数参数"对话框,在区域栏中输入"F3:F17";在

条件栏中输入"优秀",具体公式为"＝COUNTIF(F3:F17,"优秀")",如图 2-54 所示。

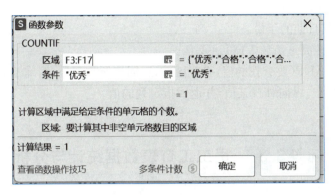

图 2-54　"CONNTIF 函数"对话框

步骤 3：检查并保存文档

完成任务要求后，再次核对任务实施结果是否满足任务要求，并按要求保存 WPS 表格文档。

【拓展提升】

在实际使用 WPS 表格处理数据的过程中，还可能用到以下这些函数：

1. 字符串提取函数 LEFT

格式：LEFT(字符串,提取字符个数)；

作用：从一个文本字符串的第一个字符开始返回指定个数的字符。

2. 多条件统计个数函数 COUNTIFS

格式：COUNTIFS(条件区域 1,条件 1,条件区域 2,条件 2,……)；

作用：求出一组满足给定条件的单元格个数。

3. 四舍五入函数 ROUND

格式：ROUND(数值型参数,n)；

作用：求出对"数值型参数"进行四舍五入到第 n 位的近似值。

4. 向下取整函数 INT

格式：INT(数值)；

作用：求出某数值向下取整到最接近的整数。

5. 排序函数 RANK

格式：RANK(数据,范围,排序方式)；

作用：求出返回某数据在数字列表中的大小排位。

6. 截取字符串函数 MID

格式：MID(字符串,起始位置,截取长度)；

作用：返回指定起始位置并截取指定长度的字符串。

7. 求年份函数 YEAR

格式：YEAR(日期)；

作用：返回某日期的年份。

8. 纵向查找并引用函数 VLOOKUP

格式：VLOOKUP(要查找的值,查找区域,返回值所在列号,精确匹配或近似匹配)；

作用：在区域中,纵向查找某值,并返回指定列的值。

任务 2.3　员工工资表数据统计与分析

【任务描述】

仅对"员工工资表"中的数据进行计算是远远不够的,小王还需要对这些数据进行统计和分析,这样才能从中挖掘出数据背后的规律或得出相关结论。本任务将详细介绍如何通过排序、筛选、分类汇总、图表等功能来分析"员工工资表"工作表中的数据,介绍使用WPS 表格进行数据的统计与分析。

【任务分析】

一、任务目标

利用筛选、排序、分类汇总、图表、数据透视表和数据透视图等功能,对"员工工资表"工作表中的数据进行统计与分析。

二、需求分析

(1) 使用自动筛选、自定义筛选和高级筛选等功能,筛选出特定的员工工资信息。

(2) 使用分类汇总功能,统计出各部门应发工资总额。

(3) 使用图表工具,分析各部门工资的占比情况。

(4) 使用数据透视表和数据透视图快速汇总工资数据,并对汇总结果进行筛选和分析。

【知识准备】

一、数据筛选

数据筛选能够展示数据清单中满足条件的数据,不满足条件的数据会被暂时隐藏起来(但没有被删除)。当筛选条件被清除时,那些被隐藏的数据又会恢复显示。数据筛选是对数据进行分析时常用的操作之一。数据筛选分为自动筛选、自定义筛选和高级筛选。

1. 自动筛选

根据用户设定的筛选条件,自动筛选会将表格中符合条件的数据显示出来,而表格中的其他数据将会被隐藏。

2. 自定义筛选

自定义筛选是在自动筛选的基础上,单击自定义的字段名称右侧的"筛选"下拉按钮,在打开的下拉列表框中根据需要选择相应的选项来确定筛选条件,如图 2-55 所示。在打开的"自定义自动筛选方式"对话框中可以进行相应的设置,如图 2-56 所示。

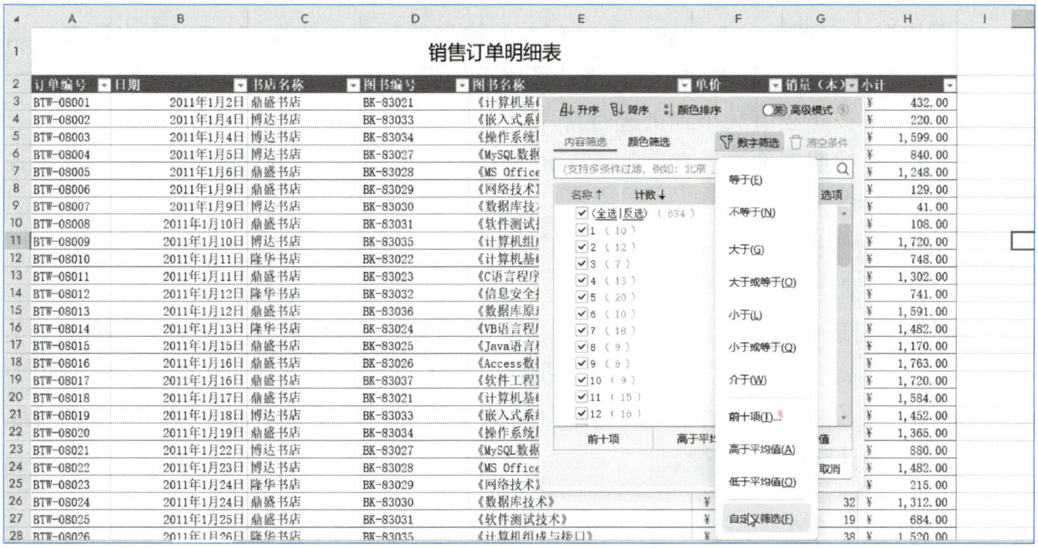

图 2-55　自定义筛选

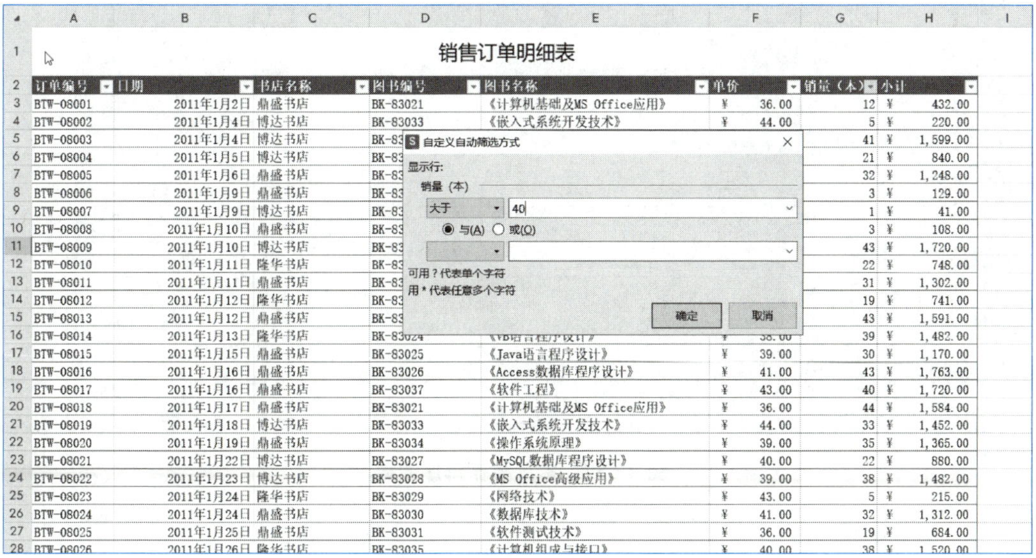

图 2-56　"自定义自动筛选方式"对话框

3. 高级筛选

高级筛选通常用于复杂条件的筛选,可以筛选出同时满足两个或两个以上条件的数据,其筛选的结果可以显示在原始数据清单中,也可以将筛选的结果复制到新的位置。

二、数据排序

数据排序是统计工作中的一项重要内容,在 WPS 表格中可将数据按照制定的规则进行排序的过程,分为单列数据排序、多列数据排序和自定义排序。数据排序是进行数据分类汇总的前提。

1. 单列数据排序

单列数据排序是指在工作表中以一列单元格中的数据为依据,对工作表中所有数据进行排序。按照升序排序时,WPS 表格遵循以下规则:

(1) 数字:按照数值从小到大进行排序。

(2) 文本:按照各种符号、0—9、A—Z(不区分大小写)、汉字的次序(默认是按照拼音首字母 A—Z)进行排序。

(3) 时间型数据:按照时间的先后顺序排序。

2. 多列数据排序

多列数据排序指的是在工作表中设置多个排序条件。这种情况一般用于当第一个关键字或数值出现重复的情况,此时需要依据第二个关键字进行排序。如图 2 - 57 所示为多列数据排序的效果,先根据主要关键字"销量(本)"进行降序排列,若销量相同,再按照次要关键字"小计"进行降序排列。

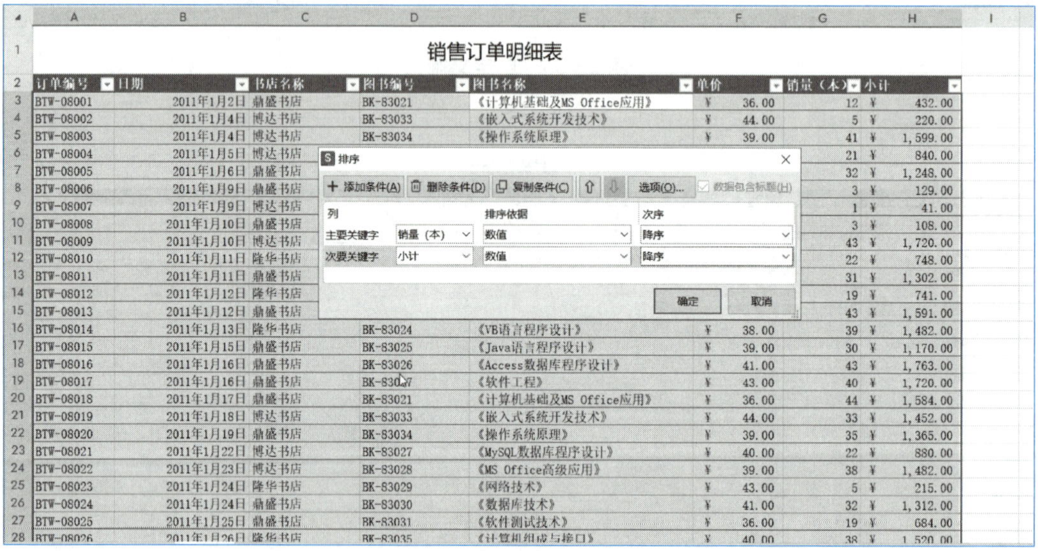

图 2 - 57 多列数据排序效果

3. 自定义排序

数据的排序方式除了按照数值大小和拼音首字母外,有时还会涉及一些特殊的顺序,这时就要用到自定义排序。打开"排序"对话框,在"次序"下拉列表中选择"自定义序列"选项;打开"自定义序列"对话框。在对话框左侧列表框中选择"新序列"选项,在右侧文本框中输入新序列,单击 添加(A) 按钮,再单击"确定"按钮,如图 2-58 所示。

三、分类汇总

分类汇总指的是按照某一特定字段的内容将数据进行分类,并对每一类统计数据进行相应的统计的方法。常见的统计包括分类进行求和、求平均数、求个数、求最大值、求最小值等操作。分类汇总的步骤是先根据要分类的字段对数据进行排序,将相同字段排序到一起,再执行分类汇总操作。

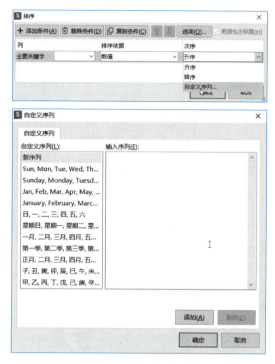

图 2-58　自定义排序

四、图表

图表可以将枯燥的数字用生动、形象的图形展示出来。WPS 表格提供了多种图表类型,如柱形图、折线图、条形图和饼图等。

1. 图表的构成

图表主要由图表标题、图表区、绘图区、背景、图例、数据标签、数据表等组成,如图 2-59 所示。

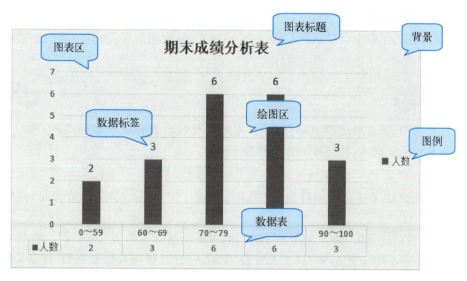

图 2-59　图表的构成

2. 图表的创建方法

（1）通过快捷键创建：按组合键 Alt＋F1。

（2）通过功能区创建：在"插入"选项下单击"图表"按钮 📊 ，选择相应的图表类型进行插入。

五、数据透视表

数据透视表是一种多维数据汇总工具，它能够快速合并和比较大量数据，用户可以从不同角度对数据进行分析，从而从浓缩信息中找到对决策有帮助的信息。

六、数据透视图

数据透视图提供了一种与数据透视表不同的表现形式，它的优势在于能够通过适当的图形和色彩来直观地呈现描述数据的特性。

【任务实施】

●操作视频

筛选特定员
工工资数据

步骤 1：筛选特定员工工资数据

（1）使用自动筛选功能筛选出"编导部"员工工资数据，具体操作如下。

① 单击窗口底部的"插入工作表"按钮 ＋ ，插入一个新的工作表"Sheet1"。将其重命名为"自动筛选结果"。然后将"员工工资表"中的 A2:J17 区域数据复制到"自动筛选结果"工作表的 A1:J16 区域中。调整好各列列宽，以便数据能完整显示。

② 选择"自动筛选结果"工作表数据区域中的任意单元格，在"数据"选项卡中单击"筛选"按钮 ▽ ，进入筛选状态。此时，列标题各单元格右下方将显示"筛选"下拉按钮 ▼ 。

③ 在 D1 单元格右下方单击"筛选"下拉按钮 ▼ ，在打开的下拉列表框中仅单击选中"编导部"复选框，然后单击"确定"按钮，如图 2－60 所示。

④ 此时在工作表中会显示所在部门为"编导部"的数据信息，而其他部门的数据将被隐藏，结果如图 2－61 所示。

小 贴 士

在使用 WPS 表格进行数据筛选时，有时列标题所在行会被自动隐藏，此时可以手动拖曳行号分割线，将列标题行重新显示出来。

（2）使用自定义筛选功能筛选出"实发工资小于 3 000"的员工工资信息，具体操作如下：

① 单击窗口底部的"插入工作表"按钮，插入一个新的工作表"Sheet2"。将其重命名为"自定义筛选结果"。然后将"员工工资表"中的 A2:J17 区域数据复制到"自定义筛选结果"工作表的 A1:J16 区域中。调整好各列列宽，以便数据能完整显示。

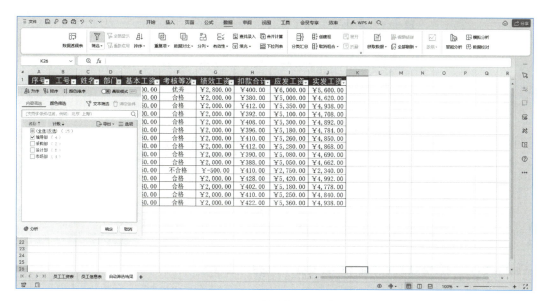

图 2-60　"筛选"下拉列表框

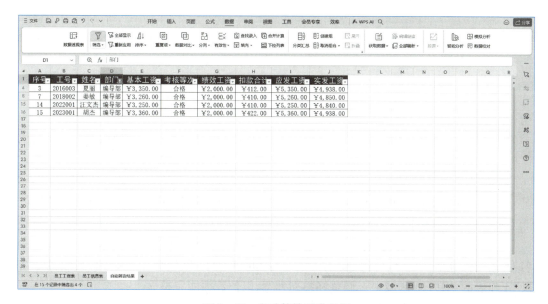

图 2-61　自动筛选后的结果

　　② 选择"自定义筛选结果"工作表数据区域中的任意单元格,在"数据"选项卡中单击"筛选"按钮,进入筛选状态。此时,列标题各单元格右下方将显示"筛选"下拉按钮。

　　③ 单击"实发工资"单元格右下方的"筛选"下拉按钮,在打开的下拉列表框中单击 数字筛选 按钮,选择"自定义筛选"选项,打开"自定义自动筛选方式"对话框;在左侧下拉列表框中选择"小于",在右侧的下拉列表框中输入"3 000",如图 2-62 所示。然后单击"确定"按钮,工作表会显示筛选结果,如图 2-63 所示。

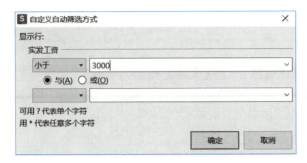

图 2‑62　"自定义自动筛选方式"对话框

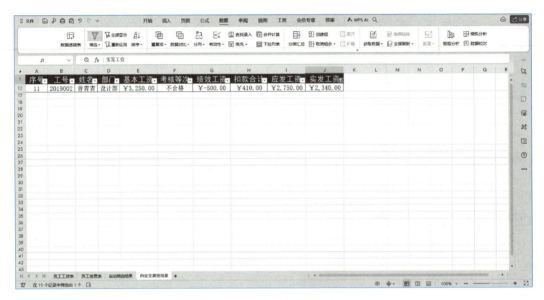

图 2‑63　自定义筛选结果

（3）使用高级筛选功能，筛选出"扣款合计大于 400"并且"实发工资大于 4 800"的员工工资信息，具体操作如下：

① 单击窗口底部的"新建工作表"按钮 ➕，插入一个新的工作表 Sheet3，并将其重命名为"高级筛选结果"。然后将"员工工资表"中的 A2:J17 区域数据复制到"高级筛选结果"工作表的 A1:J16 区域中。调整好各列列宽，以便数据能完整显示。

② 将 H1 单元格中的"扣款合计"复制到 M3 单元格中，在 M4 单元格中输入条件">400"，将 J1 单元格中的"实发工资"复制到 N3 单元格中，在 N4 单元格中输入条件">4 800"，效果如图 2‑64 所示。

③ 在工作表中选择包含数据的任意单元格，这里选择 B3 单元格，然后在"数据"选项卡中单击 筛选▾ 按钮，在打开的下拉列表框中选择"高级筛选"选项。

④ 打开"高级筛选"对话框，单击"将筛选结果复制到其他位置"单选项，在"列表区域"文本框中输入"高级筛选结果! ＄A＄1:＄J＄16"，在"条件区域"文本框中输入"高级筛选结果! ＄M＄3:＄N＄4"，在"复制到"文本框中输入"高级筛选结果! ＄A＄18"，如图 2‑65 所示，单击"确定"按钮，得出高级筛选结果如图 2‑66 所示。

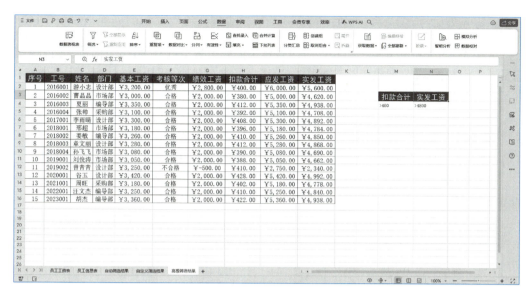

图 2-64　高级筛选条件

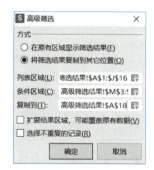

图 2-65　"高级筛选"对话框

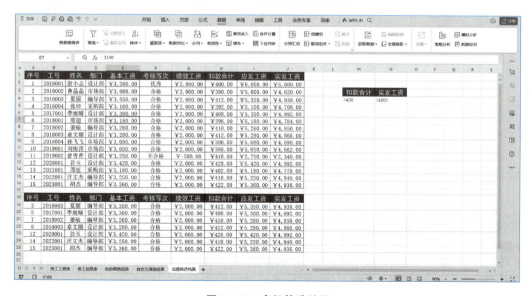

图 2-66　高级筛选结果

●操作视频

按部门分类
汇总工资

步骤2：按部门分类汇总工资

　　使用WPS表格的分类汇总功能可对表格中的同类数据进行统计,下面按部门分类汇总员工工资数据,首先要对表格数据按"部门"字段进行排序,再进行分类汇总,具体操作如下:

　　(1)单击窗口底部的"新建工作表"按钮 ✚ ,插入一个新的工作表"Sheet4"。将其重命名为"分类汇总表"。然后将"员工工资表"中的A2:J17区域数据复制到"分类汇总表"工作表的A1:J16区域中。调整好各列列宽,以便数据能完整显示。

　　(2)在"分类汇总表"工作表中选择D列中的任意单元格,然后单击"数据"选项卡中的 排序⌄ 下拉按钮,在打开的下拉列表框中选择"自定义排序"选项。

　　(3)打开"排序"对话框,在"主要关键字"下拉列表框中选择"部门"选项;在"排序依据"下拉列表框中选择"数值"选项,在"次序"下拉列表框中选择"升序"选项,如图2-67所示,确认无误后单击"确定"按钮。

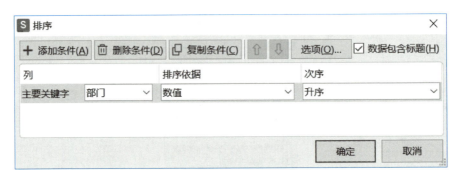

图2-67　"排序"对话框

小 贴 士

　　用户在对数据进行排序时,如果第一个关键字的数据相同,则可以通过添加第二个关键字进行排序。进行多关键字排序的方法为:打开"排序"对话框,单击上方"添加条件"的按钮,在显示的"次要关键字"栏中设置排序依据、次序后,单击"确定"按钮。

　　(4)返回电子表格操作界面,此时工作表中的数据将按照"部门"升序排列,效果如图2-68所示。

　　(5)在"分类汇总表"工作表中选择D列中的任意单元格,然后单击"数据"选项卡中的"分类汇总"按钮 ,如图2-69所示。

　　(6)打开"分类汇总"对话框,在"分类字段"下拉列表框中选择"部门"选项,在"汇总方式"下拉列表框中选择"求和"选项,在"选定汇总项"列表框中选中"实发工资"复选框,如图2-70所示,然后单击"确定"按钮,分类汇总效果如图2-71所示。

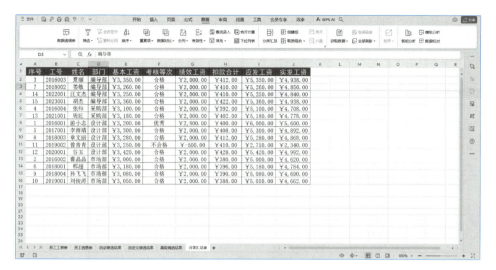

图 2-68　按"部门"升序排序

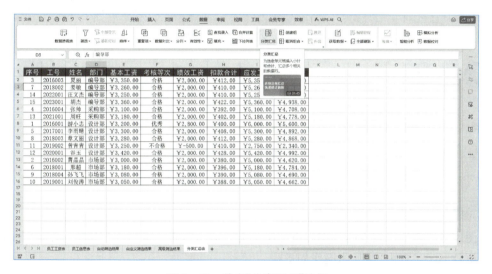

图 2-69　单击"分类汇总"按钮

图 2-70　"分类汇总"对话框

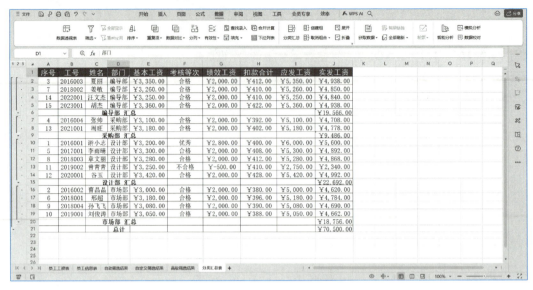

图 2-71　分类汇总后的效果

打开已经完成分类汇总的工作表,在表中选择任意一个包含数据的单元格,然后在"数据"选项卡中单击"分类汇总"按钮,打开"分类汇总"对话框,单击"全部删除"按钮,可删除表格中已创建的分类汇总结果。

步骤 3：利用图表分析各部门实发工资占比

图表可以将工作表中的数据以更清晰的方式展示出来。下面在"分类汇总表"中用饼图分析各部门工资占比,具体操作如下：

操作视频
利用图表分析各部门实发工资占比

（1）选择"分类汇总表"工作表,长按 Ctrl 键的同时,依次选择 D6、J6、D9、J9、D15、J15、D20、J20 共八个不连续的单元格。

（2）在"插入"选项卡中单击"插入饼图或圆环图"下拉按钮,在打开的下拉列表框中选择"三维饼图",如图 2-72 所示。

（3）此时将在当前工作表中创建一个三维饼图,效果如图 2-73 所示。

（4）选择图表,在"图表工具"选项卡中单击"移动图表"按钮;打开"移动图表"对话框,单击选中"新工作表"选项,在右侧的文本框中输入工作表的名称,这里输入"部门工资占比"文本,单击"确定"按钮,如图 2-74 所示。

（5）此时图表将移至新工作表中,且将自动调整大小以适配工作表区域。双击图表上方的"图表标题"文本,将内容修改为"各部门实发工资占比情况";保持图表标题处于被选中状态,在"开始"选项卡中,将文本字体格式设置为"微软雅黑,26 号",效果如图 2-75所示。

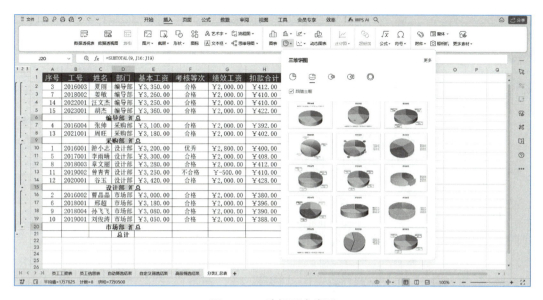

图 2-72　选择图表类型

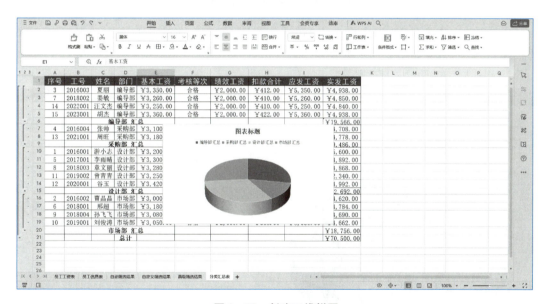

图 2-73　创建三维饼图

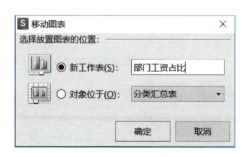

图 2-74　"移动图表"对话框

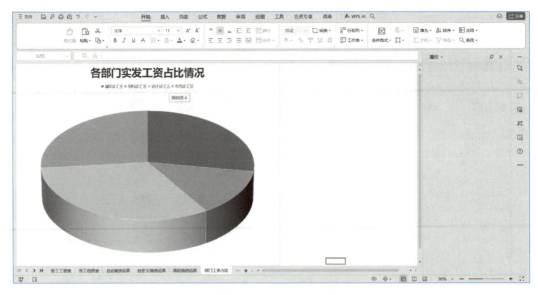

图 2-75　修改后的图表标题

（6）在"图表工具"选项卡中单击"快速布局"按钮，在打开的下拉列表框中选择"布局 1"选项，效果如图 2-76 所示。

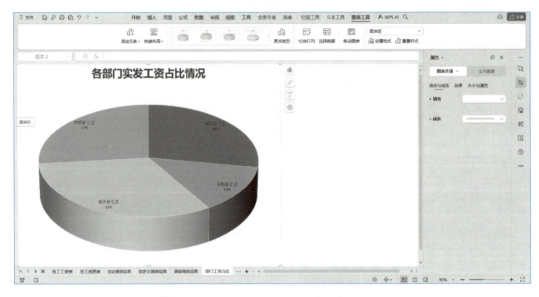

图 2-76　更改布局后的图表

（7）单击图表上的数据标签，在"开始"选项卡下设置文本格式为"微软雅黑，白色，加粗"，效果如图 2-77 所示。

步骤 4：创建数据透视表

（1）选择"员工工资表"数据区域 A2:J15 中任意单元格，在"插入"选项卡中，单击"数

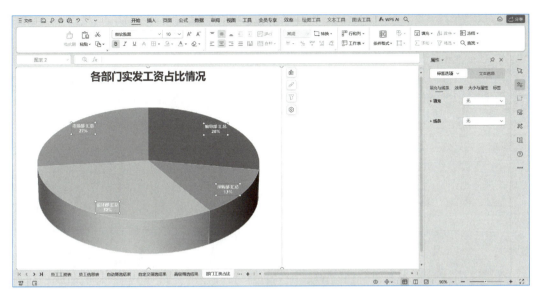

图 2–77　设置数据标签属性

据透视表"按钮 ，打开"创建数据透视表"对话框。在"创建数据透视表"对话框中，单击"请选择单元格区域"选项，并设置内容为"员工工资表！＄A＄2:＄J＄17"。单击"新工作表"选项，然后单击"确定"按钮，如图 2–78 所示。

（2）将新工作表的名称更改为"数据透视表和数据透视图"。在此新工作表中显示空白数据透视表，其右侧则显示"数据透视表"任务窗格。在该任务窗格中，将"部门"字段拖曳到"筛选器"列表框中，数据透视表中将自动添加筛选字段。然后用同样的方法将"姓名"字段拖曳到"行"列表框中，将"基本工资""绩效工资""扣款合计"字段拖曳到"值"列表框中，如图 2–79 所示。

（3）单击"姓名"字段右侧的下拉按钮 ，在打开的下拉列表框中选择"值筛选"→"前 10项"，如图 2–80 所示。

（4）打开"前 10 个筛选(姓名)"对话框，在第一个下拉列表框中选择"最大"选项，在"依据"下拉列表框中选择"求和项：基本工资"选项，然后单击"确定"按钮，如图 2–81 所示。

（5）返回电子表格操作界面。此时，数据透视表中会自动筛选出基本工资最高的前 10 位员工的数据。在"设计"选项卡的"样式"列表框中选择"数据透视表样式 5"选项，如图 2–82 所示。

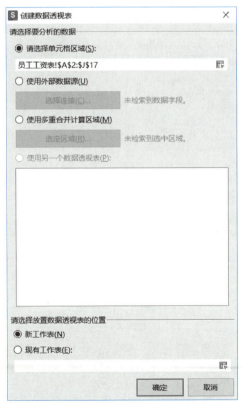

图 2–78　"创建数据透视表"对话框

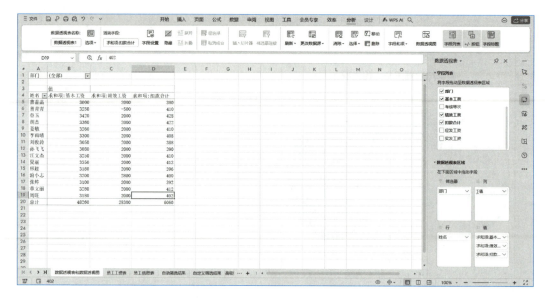

图 2 - 79 "数据透视表"任务窗格

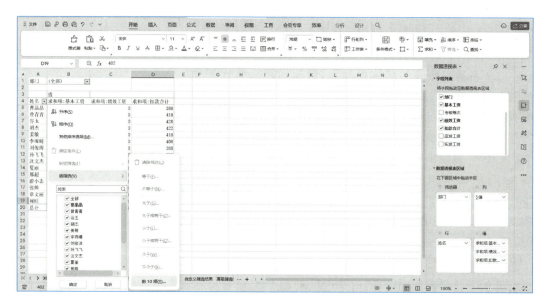

图 2 - 80 值筛选

图 2 - 81 "前 10 个筛选(姓名)"对话框

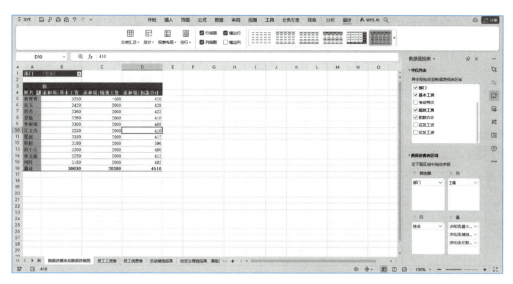

图 2-82　为数据透视表添加样式

步骤 5：创建数据透视图

利用数据透视表对数据进行分析之后，为了能更直观地查看数据情况，还可以根据已有的数据透视表制作数据透视图。具体操作如下：

（1）选择已创建的数据透视表中的任意一个单元格，在"分析"选项卡中单击"数据透视图"按钮，打开"图表"对话框，如图 2-83 所示。

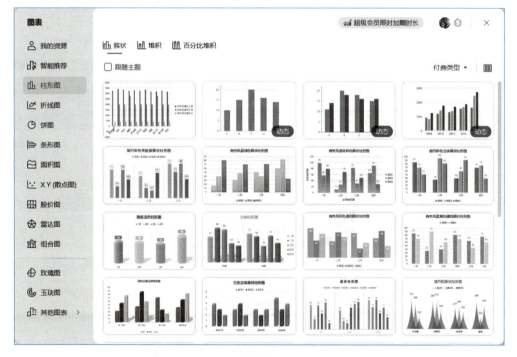

图 2-83　"图表"对话框

（2）在左侧选择"柱形图"选项，在右侧列表框中选择"簇状"选项中的第一个图表，即可在数据透视表中添加数据透视图，如图 2-84 所示。

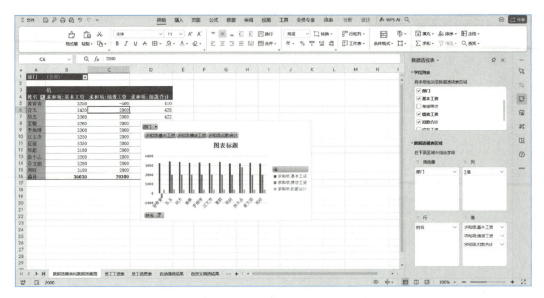

图 2-84　创建数据透视图

（3）在创建好的数据透视图中单击 姓名 下拉按钮，在打开的下拉列表框中取消选中"全部"复选框，然后单击选中"谷玉"复选框，最后单击"确定"按钮，即可在数据透视图中看到该员工的相关信息。同时，数据透视表中的数据也发生了相应的变化，如图 2-85 所示。

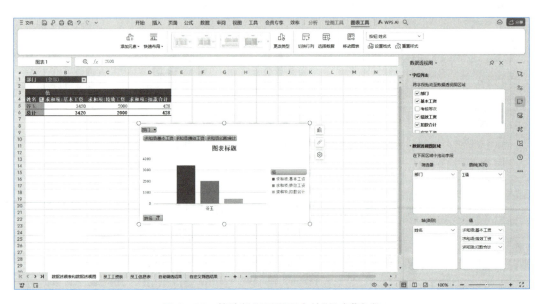

图 2-85　筛选数据透视图中的"姓名"字段

【拓展提升】

一、在图表中添加图片

在使用 WPS 表格创建图表时,如果希望图表更加生动、美观,可以使用图片来替代默认的单色数据系列。以下是为图表中的数据系列填充图片的方法:打开包含图表的工作簿;选择图表中的某个数据系列,右击该数据系列;在弹出的快捷菜单中单击"填充"下拉按钮;在打开的下拉列表框中选择"图片或纹理",再进一步在"预设图片"中选择"水",便可将所选图片填充为图表中的数据系列,效果如图 2-86 所示。

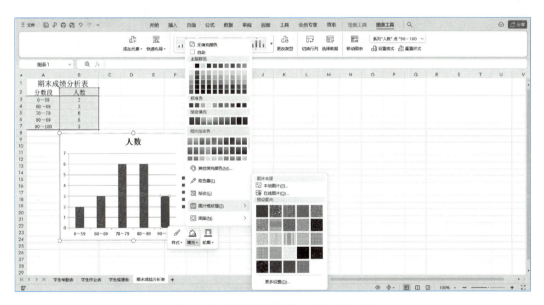

图 2-86　为数据系列填充图片后的效果

二、工作表的打印

在打印表格之前,应先预览打印效果,确保对表格中的内容和布局满意后再开始打印。在 WPS 表格中,根据打印内容的不同,可分为两种情况:一是打印整张工作表,二是打印选定区域。

1. 设置打印参数

选择需打印的工作表,预览其打印效果。若对表格的内容或页面设置不满意,可重新进行设置,具体操作如下:

(1)选择"员工工资表"工作表,然后选择"文件"→"打印"→"打印预览"命令,进入"打印预览"界面。预览工作表的打印效果,在"打印预览"选项卡中单击 横向 按钮,将"缩放"选项设置为"将所有列打印在一页",如图 2-87 所示,然后单击"页面设置"按钮。

(2)打开"页面设置"对话框,单击"页边距"选项卡;在"居中方式"栏下单击选中"水

图 2-87 "打印预览"选项卡

平"和"垂直"选项,然后单击"确定"按钮,如图 2-88 所示。

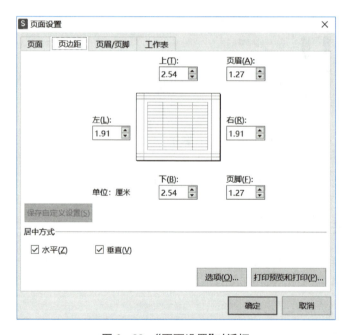

图 2-88 "页面设置"对话框

(3)返回"打印预览"界面,在"打印预览"选项卡的"份数"数值框中输入"5",单击"打印"按钮,即可进行表格打印。

2. 设置打印部分区域

当只需打印表格中的选定区域时,可先设置工作表的打印区域,再进行打印。下面在"员工信息表.et"工作簿中设置打印区域,具体操作如下:

（1）切换到"员工工资表"工作表，选择 A2:G17 单元格区域，在"页面"选项卡中单击 打印区域 下拉按钮，在打开的下拉列表框中选择"设置打印区域"选项，工作表的名称框中将显示"Print_Area"文本，表示已将所选区域作为打印区域，如图 2-89 所示。

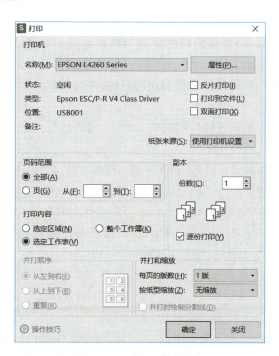

图 2-89　设置打印区域

（2）选择"文件"→"打印"命令，在打开的"打印"对话框中单击"确定"按钮，便可打印指定区域如图 2-90 所示。

图 2-90　"打印"对话框

习题 2

一、判断题

1. "AVERAGE(A1:B4)"指的是求 A1 和 B4 单元格的平均值。　　　　　　（　　）

2. 在 WPS 表格中,在输入公式或函数时,必须先输入等号。　　　　　　（　　）

3. WPS 表格的筛选功能是把符合条件的记录保留,不符合条件的记录删除。

　　　　　　（　　）

4. 在 WPS 表格中,"分类汇总"包括分类和汇总两个功能。　　　　　　（　　）

5. "MAX"函数是用来求最小值的。　　　　　　（　　）

二、选择题

1. 在 WPS 表格中,默认的工作表有（　　）张。

A. 2　　　　　　　　B. 3　　　　　　　　C. 1　　　　　　　　D. 4

2. 在 WPS 表格中,A1:B2 单元格区域代表单元格（　　）。

A. A1、A2、B2　　B. A1、B1、B2　　C. A1、B2　　D. A1、A2、B1、B2

3. 在 WPS 表格中,如果单元格中出现"♯DIV/O!",表示（　　）。

A. 没有可用数值　　　　　　B. 结果太长,单元格无法容纳

C. 公式中出现除零错误　　　　D. 单元格引用无效

4. 在 WPS 表格中有两种类型的地址:B2 和 B2,以下说法中正确的是（　　）。

A. 前者是绝对地址,后者是相对地址　　B. 前者是相对地址,后者是绝对地址

C. 两者都是绝对地址　　　　D. 两者都是相对地址

5. 在 WPS 表格中,进行绝对地址引用的时候,在行号和列标前要加（　　）符号。

A. $　　　　　　　B. ♯　　　　　　　C. @　　　　　　　D. &

6. 在 WPS 表格中,如未进行特别的格式设置,则数值数据会自动（　　）对齐。

A. 随机　　　　　　B. 左　　　　　　　C. 右　　　　　　　D. 居中

7. 在 WPS 表格中,对 A1 到 A5 的单元格中数据进行求和,不可用（　　）来表示。

A. ＝A1＋A2＋A3＋A4＋A5　　B. ＝SUM(A1:A5)

C. ＝(A1＋A2＋A3＋A4＋A5)　　D. ＝SUM(A1＋A5)

8. 若要复制公式"＝A1＋B1＋C1＋D1",希望在每次复制时都能引用 D1 单元格的数值,则该公式需要修改为（　　）。

A. ＝A1＋B1＋C1＋￥D￥1　　B. ＝A1＋B1＋C1＋$D1

C. ＝A1＋B1＋C1＋D1　　D. ＝A1＋B1＋C1＋D1

9. 下面有关工作表、工作簿的说法中,正确的是（　　）。

A. 一个工作簿可包含无限个工作表　　B. 一个工作簿可包含有限个工作表

C. 一个工作表可包含无限个工作簿　　D. 一个工作表可包含有限个工作簿

10. 在 WPS 表格中,下面说法不正确的是(   )。

A. 输入公式时,首先要输入"＊"符号　　　B. 求大量数据的和可用 SUM 函数

C. 公式中的乘号为"＊"　　　　　　　　D. 表中的一列数据被称为"记录"

11. 对于不连续单元格的选取,可借助(   )键完成。

A. Ctrl　　　　　　B. Shift　　　　　　C. Alt　　　　　　D. Tab

12. 在 WPS 表格中,若要找出成绩表中所有语文成绩在 95 分及以上的同学,可以利用(   )功能。

A. 查找　　　　　　B. 数据筛选　　　　C. 分类汇总　　　D. 定位

13. 在 WPS 表格中,对数据进行分类汇总之前,要先对工作表进行(   )处理。

A. 筛选　　　　　　B. 设置格式　　　　C. 排序　　　　　D. 计算

14. 某学生想对最近 6 个月的成绩变化进行分析,适合使用的图表类型是(   )。

A. 条形图　　　　　B. 柱状图　　　　　C. 折线图　　　　D. 饼图

15. 在 WPS 表格中,建立数据透视表时,默认的字段汇总方式是(   )。

A. 最大值　　　　　B. 求和　　　　　　C. 最小值　　　　D. 平均值

项目三　WPS 演示

 学习导读

WPS 演示专门用于创建和编辑演示文稿，与微软的 Microsoft PowerPoint 类似，WPS 演示提供了一系列的工具，使用户能够制作出专业水平的幻灯片。

WPS 演示主要特点如下：

（1）模板库：WPS 演示提供了丰富的内置模板，涵盖各种风格和场景，用户可以根据需要选择合适的模板，快速开始制作。

（2）设计工具：用户可以自定义幻灯片的布局、背景、字体和颜色方案，并添加动画和过渡效果，使演示更加生动和吸引人。

（3）图表和图形：内置的图表和图形工具允许用户轻松地插入和编辑图表、形状、智能艺术图形等，以直观展示数据和信息。

（4）多媒体支持：支持插入音频、视频和图片，使演示内容更加丰富和多元化。

（5）兼容性：WPS 演示兼容 Microsoft PowerPoint 的文件格式，包括 .ppt 和 .pptx 文件，方便用户在不同软件间迁移和分享文档。

（6）协作功能：支持云存储和在线协作，多人可以同时在同一文档上工作，提高了工作效率。

（7）跨平台：WPS Office 支持多个平台，包括 Windows、macOS、Linux、iOS 和 Android，用户可以在不同的设备上使用 WPS 演示。

WPS 演示是一个适合个人和企业用户的多功能演示程序。通过 WPS 演示，用户可以创建出具有专业外观的演示文稿，有效地传达信息和观点。本项目主要介绍 WPS 演示的功能及其在创作演示文稿中的应用。

 学习目标

知识目标：

◇　了解演示文稿的应用场景，熟悉相关工具的功能、操作界面和制作流程。

◇　熟悉演示文稿不同视图方式的应用。

◇　理解幻灯片的设计及布局原则。

◇　理解幻灯片母版的概念。

◇　了解幻灯片的放映类型，会使用排练计时进行放映。

技能目标：

◇　掌握演示文稿的创建、打开、保存、退出等基本操作。

◇　掌握幻灯片的创建、复制、删除、移动等基本操作。

◇　掌握在幻灯片中插入各类对象的方法，如文本框、图形、图片、表格、音频、视频等。

◇　掌握幻灯片母版、备注母版的编辑及应用方法。

◇　掌握幻灯片切换动画、对象动画的设置方法及超链接、动作按钮的应用方法。

◇　掌握幻灯片不同格式的导出方法。

素质目标：

◇　培养审美和设计感：通过制作美观的演示文稿，提升学生的视觉设计能力和审美水平。

◇　提高信息整合和表达能力：通过组织和呈现信息，提升学生的逻辑思维和表达能力。

◇　增强自主学习和解决问题的能力：鼓励学生通过探索和实践 WPS 演示的不同功能，解决实际问题。

◇　促进团队合作和协作精神：通过小组合作完成演示文稿项目，培养学生的团队协作能力。

◇　培养责任感和职业道德：帮助学生意识到在使用 WPS 演示时，应该尊重知识产权，保持诚信和负责任的态度。

任务 3.1　"中国传统节日——端午节"演示文稿的编辑与制作

【任务描述】

临近端午节，小王接到一项任务：向外国友人介绍中国传统节日——端午节。在岁月的长河中，中国传统文化如同一颗颗璀璨的珍珠，串联起民族的记忆与情感。粽叶的清香，让人感受着千年的传承与现代的融合。端午节，这个古老的节日，不仅是一种对屈原高尚品德的缅怀，更是对传统文化的一种弘扬与学习；在这个充满诗意的日子里，我们不仅能品尝粽子的香甜，更有必要深入了解那些蕴含在节日仪式和习俗中的文化精髓。小王将使用 WPS 演示来完成这项任务。图 3-1 所示为"中国传统节日——端午节"演示文稿效果。

119

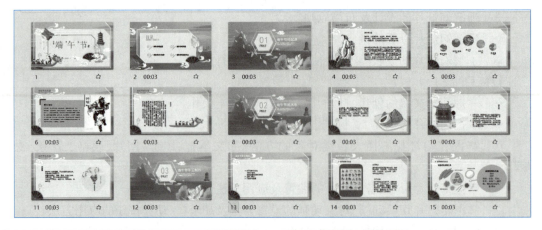

图 3-1　"中国传统节日——端午节"演示文稿的效果

【任务分析】

一、任务目标

创建一个介绍端午节的演示文稿,向观众介绍端午节的历史、起源、传统习俗和意义等,帮助更多人了解这个传统节日。传承和弘扬中国传统文化,让年轻一代了解并重视这一文化遗产;增加节日氛围,让观众在视觉和听觉上都能感受到端午节的独特魅力。

二、需求分析

（1）制作一个演示文稿,展示关于端午节的历史、传统习俗、食物和活动等信息。

（2）设计一个简洁且具有中国传统元素的模板。可以使用包含粽子、龙舟、艾草等图案的设计。确保文字和背景颜色之间有足够的对比度,以便观众容易阅读。

（3）使用清晰、高质量的图片进行讲述。确保每张幻灯片的文字简洁明了,避免堆砌过多文字。使用项目符号或编号来组织信息,使内容条理清晰。

三、注意事项

（1）确保收集的端午节相关信息准确无误。

（2）需要将信息组织成易于理解且视觉上吸引人的方式。

（3）注意设计的美观性和观众的接受度。

【知识准备】

一、熟悉 WPS 演示工作界面

WPS 演示工作界面:关于 WPS 演示的操作界面,只需要掌握与 WPS 文字、WPS 表格操作界面不同的组成部分即可。图 3-2 为 WPS 演示工作界面。

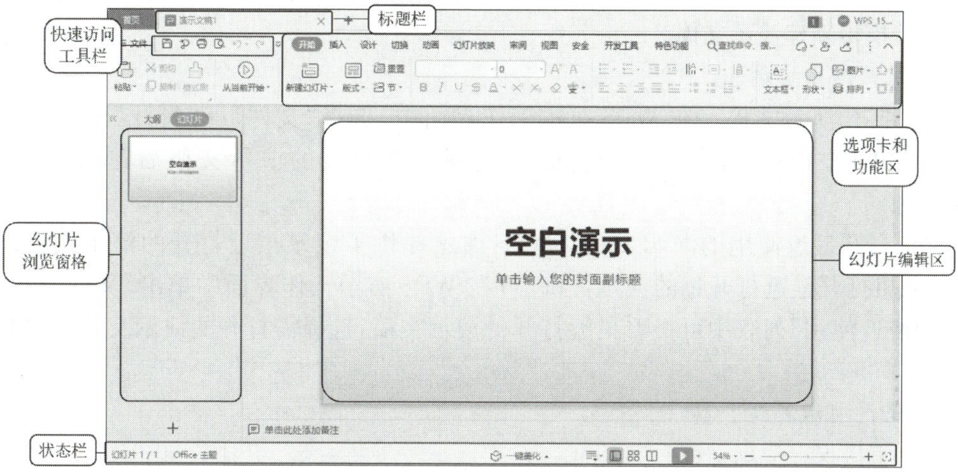

图 3-2　WPS 演示工作界面

二、认识演示文稿与幻灯片

演示文稿和幻灯片是两个相辅相成的组成部分,它们之间是包含与被包含的关系。演示文稿由一系列幻灯片组成,而每张幻灯片都有自己独立表达的主题。

幻灯片:通常指的是演示文稿中的单页,它是一种既相互独立又相互联系的内容展示方式。每张幻灯片可以包含文字、图表、图片、动画等元素,这些内容共同构成了一个完整的演示文稿。幻灯片的设计旨在通过视觉和听觉的方式,更生动直观地传达信息。

封面页:是演示文稿的门面,决定了 WPS 演示文稿的风格,因此尤为重要。通过对图片、线条、色块等元素进行合理排版,可以做出好看的封面页。

目录页:能够让观众快速了解主题,同时起到引导观众的作用,是整个演示文稿的主题框架。

过渡页:起到承上启下的作用,让主题过渡更加流畅。对于一份完整、专业的演示文稿,这是不可或缺的。

内容页:也称为内页,是演示文稿中用于展示主体内容的部分。在设计内容页时,还需要考虑如何平衡和取舍相关元素,以确保页面既美观又能够有效地传达信息。

封底页:是演示文稿的最后一页。它通常也称结束页,不承载重要信息,内容一般包含致谢、提问、介绍或总结性的话语。封底的风格一般与封面页保持一致。

演示文稿由"演示"和"文稿"两个词语组成,这表明它是用于演示某种效果而制作的文档,主要应用于会议、产品展示和教学课件等领域。

三、WPS 演示的基本操作

1. 新建演示文稿

(1)新建空白演示文稿。启动 WPS 后,在打开的界面中单击"新建"按钮,然后选择

"演示"→"新建空白文档"选项,即可新建一个名为"演示文稿1"的空白演示文稿。

（2）利用模板新建演示文稿。WPS演示提供了免费和付费两种模板,这里主要介绍通过免费模板新建演示文稿。

2. 打开演示文稿

（1）打开演示文稿。在WPS演示工作界面中,选择"文件"→"打开"命令或按组合键Ctrl+O,打开"打开文件"对话框,选择需要打开的演示文稿后,单击"打开"按钮。

（2）打开最近使用的演示文稿。WPS演示提供了记录最近打开的演示文稿的功能,如果想打开最近打开过的演示文稿,可在WPS演示工作界面中单击"文件",在"打开"的"最近使用"列表中可查看最近打开的演示文稿,选择需打开的演示文稿即可将其打开。

3. 保存演示文稿

（1）直接保存演示文稿。

（2）另存为演示文稿。

4. 关闭演示文稿

（1）通过单击按钮关闭。在WPS演示工作界面标题栏中单击"关闭"按钮。

（2）通过快捷菜单关闭。在WPS演示工作界面标题栏上右击,在弹出的快捷菜单中选择"关闭"命令。

（3）通过快捷键关闭。按组合键Alt+F4,关闭WPS演示的同时退出WPS软件。

四、幻灯片的基本操作

1. 新建幻灯片

（1）在"幻灯片"浏览窗格中新建。在"幻灯片"浏览窗格中右击,在弹出的快捷菜单中选择"新建幻灯片"命令。

（2）通过"开始"选项卡新建。在普通视图或幻灯片浏览视图中选择一张幻灯片,在"开始"选项卡中单击"新建幻灯片"按钮下方的下拉按钮,在打开的下拉列表中选择一种幻灯片版式即可。

2. 应用幻灯片版式

如果对新建的幻灯片版式不满意,可进行更改。其方法为：在"开始"选项卡中单击"版式"按钮,在打开的下拉列表中选择一种幻灯片版式,将其应用于当前幻灯片。

3. 选择幻灯片

（1）选择单张幻灯片。在"幻灯片"浏览窗格中单击幻灯片缩略图即可选择当前幻灯片。

（2）选择多张幻灯片。在幻灯片浏览视图或"幻灯片"浏览窗格中长按Shift键,并单击幻灯片可选择多张连续的幻灯片,长按Ctrl键并单击幻灯片可选择多张不连续的幻灯片。

（3）选择全部幻灯片。在幻灯片浏览视图或"幻灯片"浏览窗格中按组合键Ctrl+A,可以选择全部幻灯片。

4. 移动和复制幻灯片

（1）通过拖曳鼠标。选择需移动的幻灯片，长按鼠标左键不放，拖曳鼠标到目标位置后释放鼠标，完成移动操作；选择幻灯片，长按 Ctrl 键的同时并拖曳幻灯片到目标位置，完成幻灯片的复制操作。

（2）通过菜单命令。选择需移动或复制的幻灯片，在其上右击，在弹出的快捷菜单中选择"剪切"或"复制"命令。定位到目标位置，右击，在弹出的快捷菜单中选择"粘贴"命令，完成幻灯片的移动或复制。

（3）通过快捷键。选择需移动或复制的幻灯片，按组合键 Ctrl＋X 剪切或组合键 Ctrl＋C 复制幻灯片，然后在目标位置按组合键 Ctrl＋V 进行粘贴，完成移动或复制操作。

5. 删除幻灯片

（1）选择要删除的幻灯片，然后右击，在弹出的快捷菜单中选择"删除幻灯片"命令。

（2）选择要删除的幻灯片，按 Delete 键。

【任务实施】

步骤 1：新建并保存演示文稿

1. 新建演示文稿

单击"新建"按钮，在打开的"新建"菜单中选择"演示"选项，打开"新建演示文稿"标签页，选择"空白演示文稿"选项，如图 3-3 所示。系统将新建名为"演示文稿 1"的空白演示文稿。

图 3‑3　新建演示文稿

2. 保存并命名演示文稿

（1）选择"文件→另存为→WPS 演示 文件（＊.dps）"选项。

（2）在"另存为"对话框中选择具体的文件存放路径，如"我的桌面"。在"文件名称"文本框中输入演示文稿的名称"中国传统节日——端午节"，在"文件类型"下拉列表框中选择"WPS 演示 文件（＊.dps）"选项，然后单击"保存"按钮，如图 3‑4 所示。

图 3‑4　保存并命名演示文稿

步骤 2：演示文稿内容的创建

1. 封面幻灯片创建

（1）在"设计"选项卡的"背景"组中单击"背景填充"按钮 ▨ 背景填充(K)… ，如图 3－5 所示。

●操作视频

封面幻灯片
创建

图 3－5　背景填充

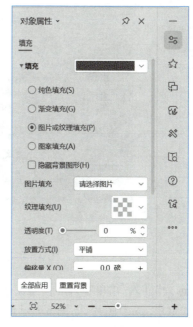

图 3－6　图片或纹理填充

（2）在打开的对象属性窗格中选择"图片或纹理填充"选项，如图 3－6 所示。

（3）单击"请选择图片"选项，选择"本地文件"，打开素材所在文件夹，选择"背景.png"选项，如图 3－7a 所示，单击"打开"按钮，即可插入图片，如图 3－7b 所示。

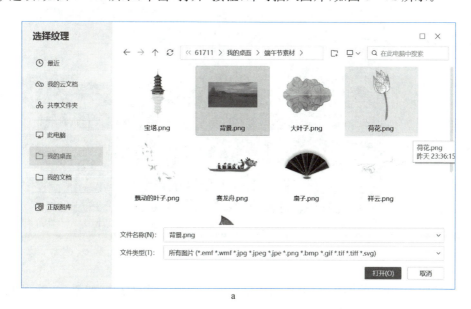

a

b

图 3-7　插入"背景. png"图片

　　(4)选择"插入"菜单在"图片"组中单击"本地图片"按钮⊠ 本地图片(P)，在第 1 张幻灯片中插入"宝塔. png"图片，如图 3-8a 所示。

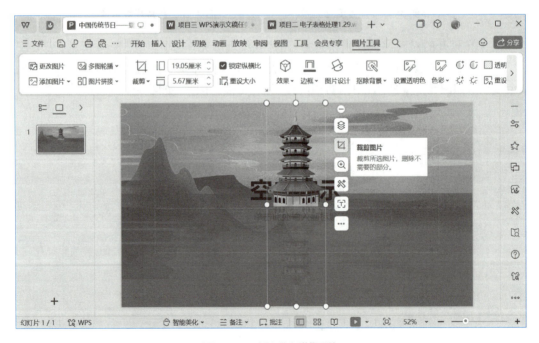

图 3-8a　插入"宝塔"图片

　　(5)按照步骤(4)的操作，将其他图片分别插入到第 1 张幻灯片，如图 3-8b 所示。

图 3-8b 插入所需要的图片

(6) 选择"插入"选项卡的"形状"按钮 形状，在弹出的"预设"窗口中选择"剪去对角的矩形"，如图 3-9a 所示，在第 1 张幻灯片中插入形状，如图 3-9b 所示。

(a) 选择"剪去对角的矩形"　　　　　　　(b) 在第 1 张幻灯片中插入形状

图 3-9 绘制形状

(7) 选择第 1 张幻灯片中的形状，分别设置"填充""轮廓""效果"三个组，调整后的效果如图 3-10 所示。

(8) 选择并复制形状，可以调整形状的大小和位置，并单击"填充"选项，选择"更多设置"按钮 更多设置(O)...，如图 3-11 所示。

(9) 在"对象属性"窗口中设置透明度参数为"46%"，即可得到半透明效果的图形，如图 3-12 所示。

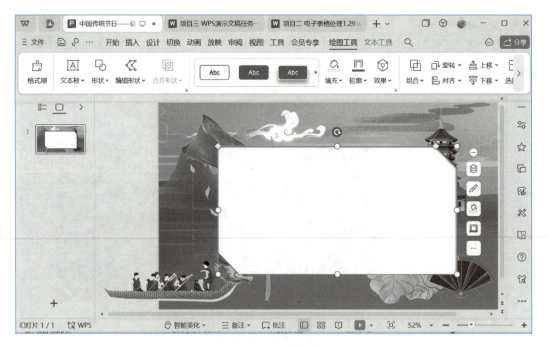

图 3-10　调整形状

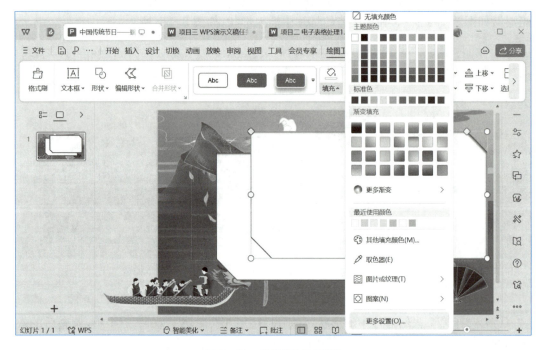

图 3-11　选择"更多设置"

（10）将第 1 张幻灯片的图形与图片进行排版，效果图如图 3-13 所示。

（11）选择第 1 张幻灯片，在标题文本占位符中输入"端午节"，在"开始"选项卡中找到"字体"中选择"黑体"，设置字体大小为 96 号，如图 3-14 所示。

128

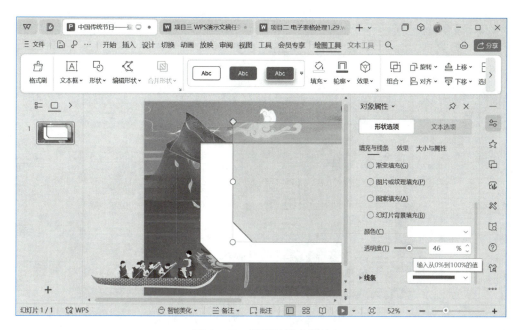

图 3‑12　设置透明度数值

如图 3‑13　排版效果

 小 贴 士

　　幻灯片的默认尺寸为宽屏(16∶9)。如果这不能满足实际需要,则可将其设置为标准(4∶3),或根据实际需求自定义幻灯片,选择"设计→幻灯片大小→自定义大小→确定"。

如图 3-14　最终效果

2. 幻灯片目录页的创建

●操作视频

幻灯片目录页的创建

（1）选择第 1 张幻灯片，右击，在弹出的快捷菜单中选择"复制幻灯片"命令，如图 3-15a 所示，完成幻灯片的复制，如图 3-15b 所示。

（2）选择第 2 张幻灯片作为幻灯片的目录页，删除一些图片及图形，适当调整图形的位置，得到一个简洁明了的画面，如图 3-16 所示。

(a) 选择"复制幻灯片"命令

a

(b) 完成幻灯片复制

图 3‑15　通过复制创建幻灯片目录页

图 3‑16　重新排版后的效果

（3）选择第二张幻灯片，在"插入"选项中单击"文本框"按钮 ，选择"横向文本框"，在幻灯片上拖出文本框，并在文本框内输入"目录"；字体设置为"黑体"，字号大小为40 号，调整到合适位置。并用同样方法输入其他内容，如图 3‑17 所示。

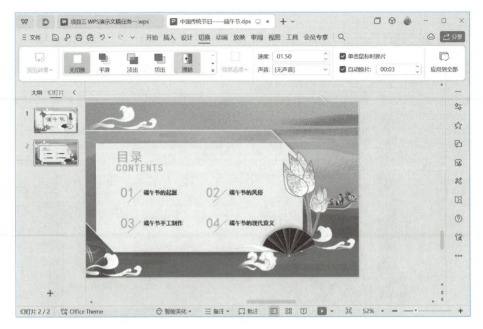

图 3-17　目录幻灯片效果

3. 幻灯片过渡页的创建

（1）制作幻灯片的过渡页，需选择第 2 张幻灯片，右击后在弹出的快捷菜单中选择"复制幻灯片"；生成第 3 张幻灯片后，删除相关的图片和形状，重新插入形状中的"六边形"，设置"填充""轮廓""效果"，再复制一个六边形，调整其透明度，将两个六边形进行排版，输入文本，如图 3-18 所示。

图 3-18　过渡页幻灯片

接下来开始制作幻灯片的内容页,提前将端午节演示文稿的文字内容整理好,并下载相关的图片素材。

（2）复制第 2 张幻灯片,生成第 4 张幻灯片;对第 4 张幻灯片进行调整,选择形状对象并适当进行调整,调整图片素材,如图 3-19 所示。

图 3-19 生成并调整第 4 张幻灯片

（3）在"插入"选项卡中找到"图片"按钮,选择"屈原. png"图片素材,插入文本内容,设置字体、字号,并进行排版设计,如图 3-20 所示。

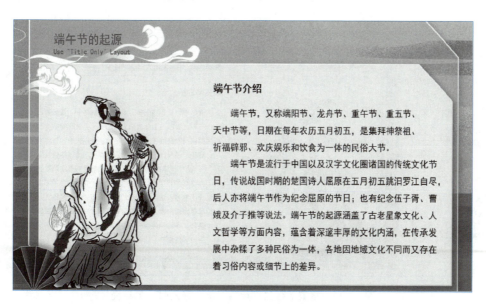

图 3-20 端午节的起源

（4）选择第3张幻灯片进行复制，连续复制3次，依次将第4张、第5张、第6张幻灯片的文字内容进行更改，如图3-21所示。

图3-21　连续制作过渡页幻灯片

（5）幻灯片之间的顺序都可以进行调整，选择第7张幻灯片并长按鼠标左键，将其移动到第3张幻灯片的后面，松开鼠标左键。如图3-22所示。

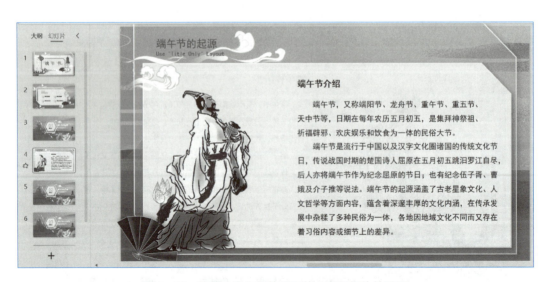

图3-22　将第7张幻灯片移至第3张幻灯片的后面

4. 内容幻灯片的创建

（1）选择第 4 张幻灯片，右击并从弹出快捷菜单中选择"复制幻灯片"命令，如图 3-23a 所示；选择第 5 张幻灯片，并将图片文字删除，如图 3-23b 所示。

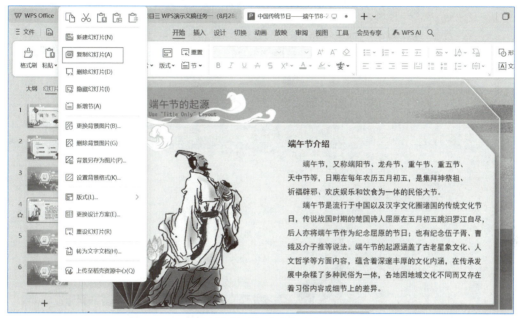

(a) 选择"复制幻灯片"命令

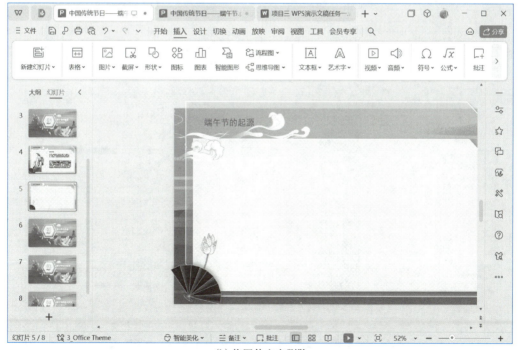

(b) 将图片文字删除

图 3-23 编辑第 5 张幻灯片

（2）选择第 5 张幻灯片，将其拖至第 6 张幻灯片的后面，并复制 5 次，共有 6 张空的幻灯片，接下来分别编辑这些幻灯片的内容。

（3）选择第 6 张幻灯片，在"插入"选项卡中找到"形状"◯并进行绘制，如图 3 - 24a 所示；为绘制的圆形设置填充为"图片或图案"，设置轮廓为绿色，如图 3 - 24b 所示。

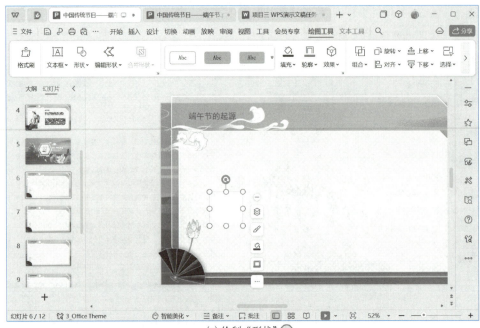

(a) 绘制"形状"◯

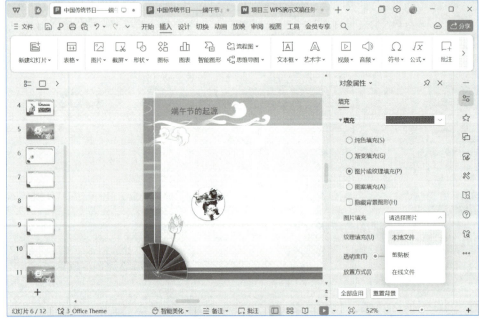

(b) 为绘制的圆形设置填充与轮廓

图 3 - 24　编辑第 6 张幻灯片

(4) 按照步骤(3),依次完成幻灯片上其他内容的编辑,如图 3-25 所示。

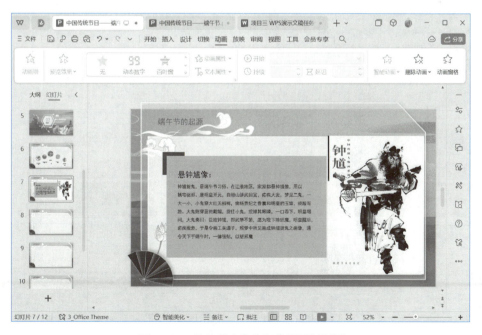

图 3-25 第 6 张内容幻灯片

(5) 第 7 张幻灯片内容的编辑。使用形状工具绘制矩形作为文本背景,使画面层次更加丰富美观;插入图片并调整其大小及位置,使用图片工具中裁剪工具对图片进行裁剪,如图 3-26 所示。

图 3-26 第 7 张内容幻灯片"悬钟馗像"

（6）第 8 张幻灯片内容的编辑。插入文本框，使用竖排文字，插入图片并调整其大小及位置，画面适当留白，使其更具美感，如图 3-27 所示。

图 3-27　第 8 张内容幻灯片"赛龙舟"

（7）第 9 张幻灯片内容的编辑。插入文本框，输入文字并进行设置，插入图片并调整其大小及位置，图片背景如果有其他颜色，可使用"图片工具"中的"设置透明度"将背景色去除掉，使图片与画面更加互相融合，如图 3-28 所示。

图 3-28　第 9 张内容幻灯片"吃粽子"

(8) 第 10 张幻灯片内容的编辑。插入文本框,输入两段文字,选择文字使用"编号" ,给文字加上相应的编号,使其更具有条理性,便于阅读,如图 3-29 所示。

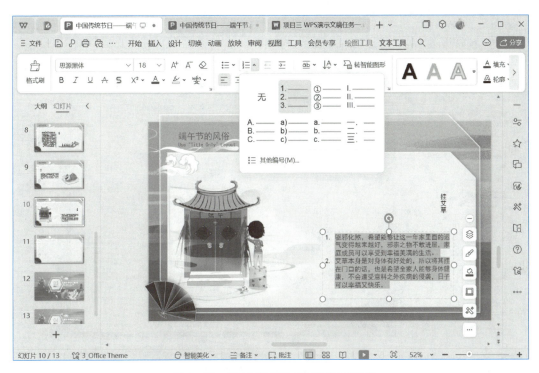

图 3-29　第 10 张内容幻灯片"挂艾草"

(9) 第 11 张幻灯片内容的编辑。插入文本框,输入文字并进行设置,插入图片并调整其大小及位置,如图 3-30 所示。

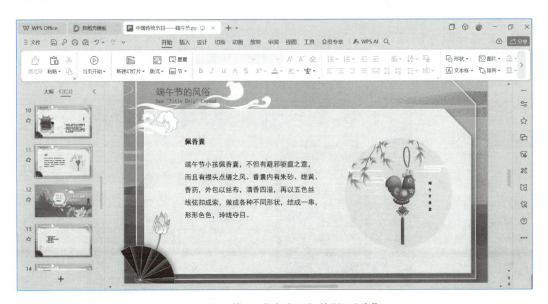

图 3-30　第 11 张内容幻灯片"佩香囊"

（10）第12张幻灯片是过渡页幻灯片——端午节手工制作。

（11）第13张幻灯片是内容幻灯片，输入相应的文本内容，选择文本设置"项目符号"
三 ∨，如图3-31所示。

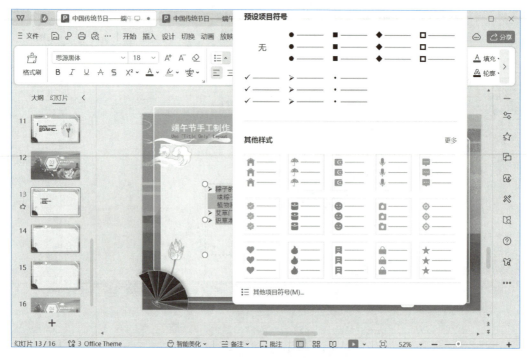

图3-31　第13张内容幻灯片

（12）第14张幻灯片是内容幻灯片，输入相应的文本内容，插入形状 形状 中的"圆角矩
形"，并设置填充色；插入图片，将图片移至圆角矩形上方，如图3-32所示。

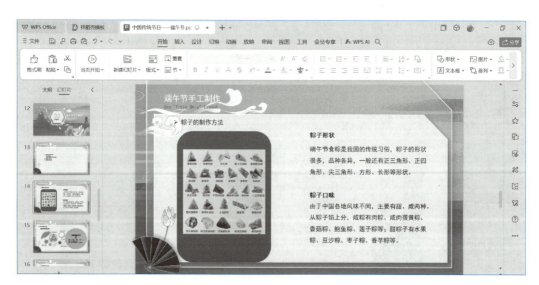

图3-32　第14张内容幻灯片

（13）同样方法制作第 15 张幻灯片，如图 3-33 所示。

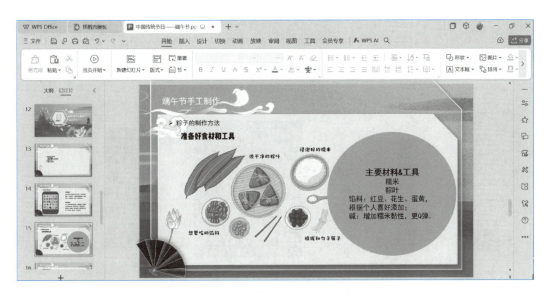

图 3-33　第 15 张内容幻灯片

（14）第 16 张幻灯片是内容幻灯片，插入准备好的 6 张图片，依次排列好，在图片之间加入形状中的"右箭头"，并设置填充色。复制 4 个同样的右箭头，调整好位置。选择"插入选项卡中的艺术字" ，输入文字内容，如图 3-34 所示。

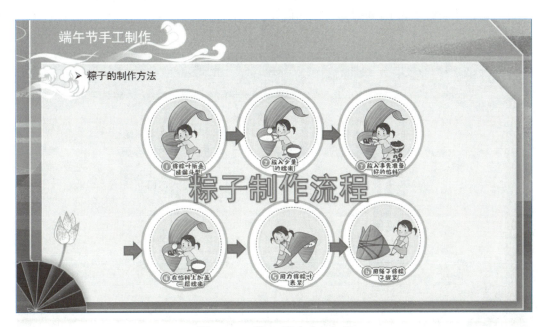

图 3-34　第 16 张内容幻灯片

（15）第 17 张内容幻灯片编辑，绘制矩形形状，设置填充颜色；选择形状设置阴影效果,使其更具有立体感,注意画面排版,如图 3-35 所示。

图 3-35　第 17 张内容幻灯片

(16) 第 18 张内容幻灯片的编辑,输入竖排文本内容,绘制圆角矩形形状;选择编辑形状 中的编辑顶点 编辑顶点(E),单击圆角矩形上的控制手柄,并拖曳控制手柄来调整形状,如图 3-36a 所示,调整好设置填充颜色,把图片设置成透明背景,放置在最上层,一个古风花瓶就制作完成了,如图 3-36b 所示。

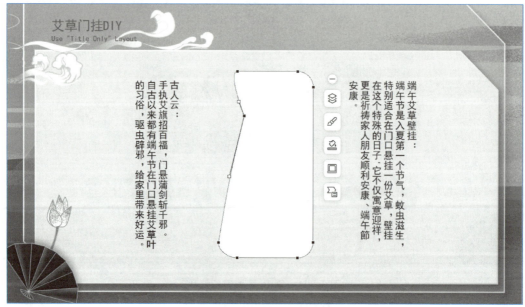

(a) 拖曳控制手柄来调整形状

(b) 设置填充颜色

图 3-36 编辑第 18 张幻灯片

（17）第 19 张幻灯片是过渡页，内容为：端午节的现代意义。

（18）第 20 张幻灯片是内容幻灯片，按照前面所学的方法进行编辑，如图 3-37 所示。

图 3-37 第 20 张内容幻灯片

步骤 3：封底幻灯片的创建

最后封底页幻灯片，复制封面幻灯片，进行适当调整即可，如图 3-38 所示。

图 3–38　编辑第 21 张幻灯片

【拓展提升】

一、幻灯片文本设计原则

1. 字体设计原则

（1）幻灯片标题字体最好选用容易阅读的较粗的字体，正文则使用比标题细一些的字体，以区分主次。

（2）标题和正文尽量选用常用的字体，而且要考虑标题字体和正文字体的搭配效果。

（3）在演示文稿中若要使用英文字体，可选择 Arial 和 Times New Roman 两种之一的英文字体。

（4）WPS 演示不同于 WPS 文字，其正文内容不宜过多，正文中只列出较重点的标题即可，其余扩展内容可留给演讲者临场发挥。

（5）在商业培训等较正式场合，可使用较正规的字体，如标题使用"方正粗宋简体""黑体"和"方正新综艺黑　简"等，正文可使用"方正细黑简体"和"宋体"等。

2. 字号设计原则

（1）如果演示的场地较大、观众较多，那么幻灯片中字体就应该足够大，以保证最远位置的观众能看清幻灯片中的文字。为此，建议标题使用 36 号以上的字号，正文使用 28 号以上的字号。为了保证观众的观看体验，一般情况下，演示文稿中的所有文字不应小于 20 号字。

（2）同类型和同级别的文本内容要设置同样大小的字号，这样可以保证内容的连贯性与统一性。这不仅有助于观众能更容易将信息进行有效归类,也使得信息更容易理解和接受。

二、幻灯片对象布局原则

1. 保持一致性

在排版过程中,保持一致性至关重要。字体、颜色、大小和其他元素应保持统一,以便于观众识别和记住信息。此外,使用一致的布局和设计元素也能让幻灯片看起来更加整洁和有序。

2. 突出重点

在幻灯片中,突出重点是非常重要的。使用不同的字体、字号、颜色或形状来强调关键信息,以便让观众更容易注意到这些内容。同时,避免使用过多的动画和特效,以免分散观众的注意力。

3. 使用标题和副标题

标题和副标题是幻灯片中非常重要的元素,它们能够帮助观众理解内容的主旨和结构。使用清晰、简洁的标题和副标题,并确保它们与内容紧密相关。

4. 使用图片和图表

图片和图表是幻灯片中非常有效的元素,能够帮助观众更好地理解内容。使用高质量的图片和图表,并确保它们与内容相关。同时,使用适当的标签和说明来解释图表和图片中的信息。

5. 保持简洁

在排版过程中,保持简洁是非常重要的。避免使用过多的文字和图片,以免让幻灯片看起来过于拥挤和混乱。使用简洁的布局和设计元素,让观众更容易理解和记住你的信息。

总之,幻灯片排版技巧是提升演示效果的关键。通过保持一致性、突出重点、使用标题和副标题、使用图片和图表以及保持简洁等方法,你可以制作出更加清晰、简洁、有吸引力的幻灯片,让观众更容易理解和记住信息。

任务 3.2 "中国传统节日——端午节"演示文稿的动画制作

📝【任务描述】

经过对幻灯片的基础操作,小王终于完成了"端午节"演示文稿的制作,为了使幻灯片更具有趣味性,达到增强演示文稿的播放效果,他打算在原有的基础上继续优化之前的设计,如图 3-39 所示。

图 3‒39 "端午节"演示文稿初稿预览图

【任务分析】

一、任务目标

根据幻灯片的内容，可以适当添加动态效果，比如制作一些简单的小动画，使画面更加生动有趣、引人注目。通过设计不同的切换效果，可以显著提升演示文稿的播放效果，为了使演示文稿整体风格统一和谐，增加公司的视觉识别标注元素，需要设置幻灯片母版格式、掌握母版的基本编辑技巧。根据内容需要可以添加音频或视频，提升用户的视听感受。最后，需要将完成的演示文稿进一步处理，设置便于导航的超链接和动作按钮，并做好文稿的放映和导出工作。

二、需求分析

（1）调整目录信息，包括端午节的起源、端午节的风俗、端午节手工制作、端午节的意义等。

（2）简化幻灯片页面字数，适当调整字体样式及大小。

（3）考虑是否需要添加动画及切换效果等。

（4）准备可插入的公司 Logo 标识。

三、注意事项

（1）确保幻灯片内容信息准确无误。

（2）深入理解传统节日，传承文化精髓。

【知识准备】

一、幻灯片母版

在演示文稿中,母版是用于定义所有幻灯片或页面格式的一种特殊视图或页面,其包含可出现在每一张幻灯片上的显示元素,如文本占位符、图片、动作按钮等。幻灯片母版上的对象将出现在每张幻灯片的相同位置上。使用母版可以方便统一幻灯片的风格。

二、幻灯片的切换效果

在演示文稿放映过程中由一张幻灯片进入另一张幻灯片就是幻灯片之间的切换,幻灯片的切换效果可以更好地增强演示文稿的播放效果。为了使幻灯片更有趣味性,在幻灯片切换时可以使用不同的技巧和效果。

三、幻灯片的动画效果

动态的画面会给用户一种活泼有趣的感觉,能够有效地吸引人们的注意,然而,添加动画效果时需谨慎,避免过度使用。

动画的关键要素是:效果类型、启动方式、速度控制及效果选项。

(1)效果类型:可供选择的动画效果有进入、强调、退出、和动作路径 4 种。

(2)启动方式:动画的启动方式有三种选项,分别是"单击时"和"与上一动画同时""在上一动画之后",前两项表示两个动作同时开始。最后一项表示在前一个动作完成后开始。

(3)速度控制:用户可以自由调节动画的播放速度,以达到理想的播放效果。

(4)效果选项:根据具体需求,用户可以选择多个参数来定制动画效果。

四、插入音频或视频

准备所需音频和视频素材,并与当前幻灯片保存在同一文件夹下,方便查找与插入。

五、演示文稿的放映

1. 超链接

演示文稿提供了超链接功能,用户可以在幻灯片与之间、幻灯片与其他文件或程序之间以及幻灯片与网络之间自由地转换。

2. 动作按钮

在章节介绍结束后,当演讲者需要再次返回目录页时,可在演示文稿的内容中创建动作按钮,并设置超链接,实现幻灯片的快速"返回"。

3. 幻灯片放映的类型

(1)演讲者放映(全屏幕)。

这是常规的幻灯片放映方式。在放映过程中,演讲者可以人工控制放映进度。如果希望自动放映演示文稿,可以使用"幻灯片放映"菜单中的"排练计时"功能,设置好每张幻灯片放映的时间,以实现自动放映。

在类似于会议、展览中心的场所,如果允许观众自己进行操作,可以选择此方式。这是在标准窗口中放映,窗口中将显示自定义的菜单及快捷菜单,这些菜单命令中不含有可能会干扰放映的命令选项,这样可以在任由观众自行浏览演示文稿的同时,防止观众所作的操作损坏演示文稿。

(2)展台自动循环放映(全屏幕)。

如果幻灯片放映是无人看管的,可以使用这种方式,演示文稿会自动全屏幕放映。当选择此项后,会自动选择"循环放映,按 Ese 键终止"复选项。

4. 自定义幻灯片放映

在菜单栏中单击"放映"选择"自定义放映",设置放映幻灯片的方式。

5. 其他放映设置

(1)选择特定的放映范围,例如放映演示文稿的第 5 张幻灯片至第 12 张幻灯片。如果演示文稿定义了一种或多种自定义放映,也可以选择其中之一作为放映范围。

(2)使用"排练计时"时,可以选择是使用人工控制演示文稿的进度还是使用设置的放映时间自动控制幻灯片的放映进度。

(3)决定是否需要循环放映。

(4)决定放映时是否加入旁白。

(5)决定放映时是否加动画。

(6)决定是否使用画笔,如果放映中需要用画笔在屏幕上进行标注,可以定义画笔的颜色。

六、演示文稿的导出与打印

演示文稿编辑完成后,用户可以将其导出为其他类型的文件,也可以将演示文稿进行打包处理。演示文稿不但可以用于现场演示,还可以被打印在纸上,作为演讲手稿或者分发给观众作为演讲提示。

●操作视频
幻灯片的
母版设计

【任务实施】

步骤 1:幻灯片的母版设计

1. 设置母版背景格式

幻灯片母版用于统一设置幻灯片的标题文字、背景、属性等样式,用户只需在母版上做更改,所有幻灯片版式将相应完成更改。

(1)切换母版视图。选择菜单栏的"视图"选项卡,打开"幻灯片母版"菜单命令,则可从普通视图切换至母版视图,如图 3-40 所示。

(2)设置母版背景格式

选择需要编辑的幻灯片区域,右击,打开"设置对象形式"对话框;在右侧的"对象属性"窗格,找到"形状选项",在"填充与线条"功能区选择"渐变填充";在"渐变样式"选项区

图 3－40 切换母版视图

域选择"射线渐变"中的"从左上角";在渐变编辑中,将第一个色标演示停止点的主题颜色设置为"白色,背景 1",第二个色标演示停止点设置为"更多颜色",在打开的对话框中选择"自定义"选项卡,在下拉列表中选择"RGB"选项,设置 RGB 数值(R:237,G:249,B:219),如图 3－41 所示。

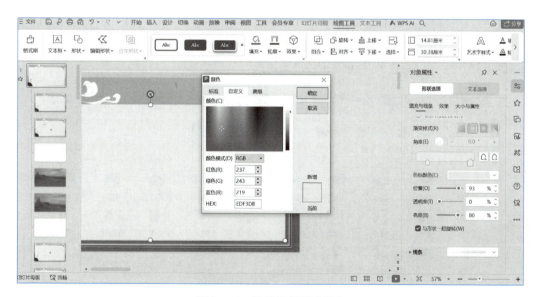

图 3－41 设置母版背景颜色

2. 在母板中插入公司标志

公司标志(Logo)是演示文稿中高频出现的元素,通常使用母版完成这类对象的插入。插入图片素材文件"公司标志.png",调整图片大小,将图片移动到适当区域。双击图片,在右侧"对象属性"窗格中,设置图片透明度为"58％",如图 3－42 所示。

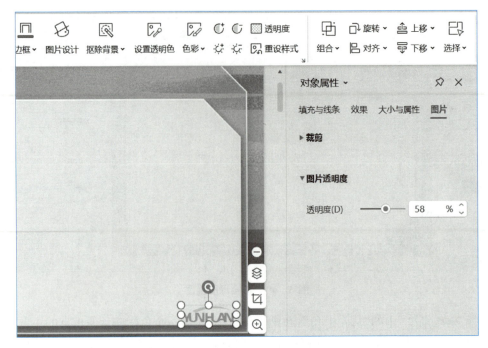

图 3 - 42　在母版中插入公司 logo

步骤 2：幻灯片的切换效果

1. 幻灯片切换效果的基本设置

（1）单击菜单栏的"切换"选项卡，打开"切换"工具栏，然后单击 ▽ 按钮，如图 3 - 43 所示，就可打开所有切换效果，当前默认为"无切换"。

图 3 - 43　设置页面切换及应用方式

（2）选择要设置的切换效果后，就会自动退出切换效果的页面，并且预览当前所选择的效果。这里选择"页面卷曲"的切换效果，预览如图 3 - 44 所示。

（3）不同的切换效果会有一些不同的效果选项，例如选择"页面卷曲"的切换效果，它就有向右卷曲的效果，这里选择"双右"，如图 3 - 45 所示。

任务 3.2 "中国传统节日——端午节"演示文稿的动画制作

图 3‑44 选择"页面卷曲"的切换效果

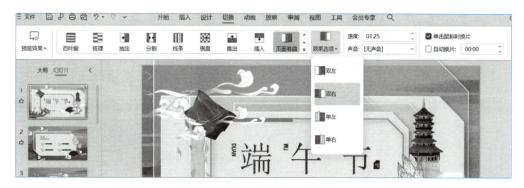

图 3‑45 设置"页面卷曲"的"效果选项"

（4）通常系统默认只是设置当前所选择的单张幻灯片的动画切换效果。当要设置其他的幻灯片切换效果时，用户可以重新选择其他幻灯片，然后按照上面的方法重新插入切换效果。如果所有幻灯片都用相同的切换效果，则单击"应用到全部"如图 3‑46 所示。

图 3‑46 设置切换效果"应用到全部"

2. 在切换效果中添加音效

（1）选中需要添加切换效果的幻灯片。

（2）单击"切换"选项卡的"声音"按钮，默认情况下是无声音。

（3）选择所需的声音效果，如"风铃"声。

（4）如果需要将声音效果应用到所有幻灯片，在"切换"选项卡中，单击"应用到全部"即可，如图 3‑47 所示。

图 3‑47　在切换效果中添加"声音效果"

●操作视频

幻灯片的动画效果设计

步骤 3：幻灯片的动画效果设计

1. 设计动画效果

系统给定的动画并非固定不变，用户可以根据需求进行自定义设计。

（1）选中需要使用动作路径动画的对象。

（2）单击"动画"选项卡，打开"动画"的工具栏，找到▽按钮，选择"绘制自定义路径"中的"曲线"按钮，如图 3‑48 所示。

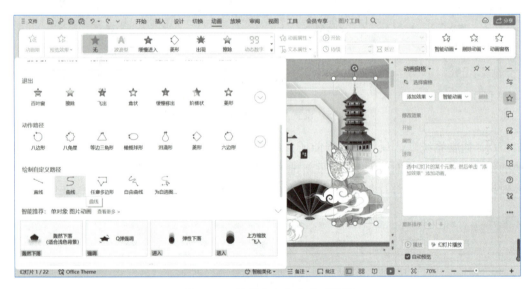

图 3‑48　绘制自定义路径对话框

（3）根据需要，绘制动作路径，如图 3‑49 所示。

（4）设置完毕，单击"预览效果"。

2. 更改动画效果及播放顺序

单击"动画"选项卡，打开"动画窗格"面板，如图 3‑50 所示，设置参数，更改动画效果。在该面板显示的动画列表中，长按鼠标左键拖曳动画，可以更改动画播放的顺序。

图 3-49 绘制动作路径

图 3-50 动画窗格

图 3-51 插入音频对话框

步骤 4：插入音频或视频

1. 插入音频

在插入的音频时，可以选择已经下载好的音频，也可以是系统已有的音频，具体操作如下：

（1）选中需要插入音频的幻灯片。

（2）在"插入"选项卡中，单击"音频"按钮，选择"嵌入音频"，如图 3-51 所示。

（3）在弹出的"嵌入音频"对话框中，打开音频所在的路径，选中所需音频，单击插入，如图 3‐52 所示。

图 3‐52　插入"音频"对话框

（4）也可以在"更多音频"对话框中，查找选择合适的音频，单击"立即使用"，如图 3‐53 所示。

图 3‐53　"更多音频"对话框

　　（5）在设置的对象中将弹出播放器，单击下方的播放按钮，可播放插入的音频，如图 3-54 所示。用户也可以单击"裁剪音频"，并根据需要对音频进行裁剪，如图 3-55 所示。

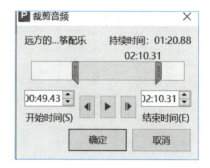

图 3-54　将音频插入幻灯片中　　　　　图 3-55　裁剪音频

2. 插入视频

插入视频的方法与音频基本相同，具体操作如下：

（1）选中所需要插入视频的幻灯片。

（2）在"插入"选项卡中单击"视频"按钮，选择"嵌入视频"，如图 3-56 所示。

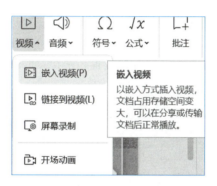

图 3-56　插入视频文件对话框

小　贴　士

　　若要在幻灯片播放过程中使用视频，也可以发挥超链接的作用。创建超链接的方法与在 Word 中插入超链接的方法类似。

步骤 5：演示文稿的放映

1. 创建目录页面的超链接

●操作视频

打开文稿目录页，选择正文文本"端午节的风俗"，右击，在打开的快捷菜单中选择"超链接"或"插入"按钮，选择"链接"命令，打开"插入超链接"对话框，然后选择"链接到"栏中的"本文档中的位置"选项，在"请选择文档中的位置"栏下的列表框中选择第 6 张幻灯片，单击"确定"按钮，如图 3-57 所示。

演示文稿的放映

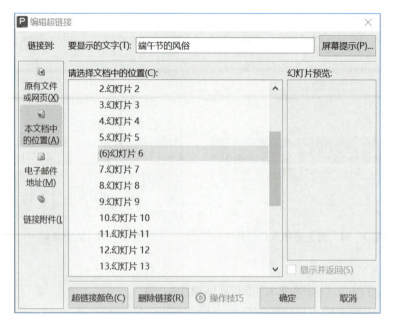

图 3 - 57　"编辑超链接"对话框

返回幻灯片编辑区,可看到设置超链接的文本"端午节风俗"颜色发生了变化,且文本下方有一条蓝色的横线,放映的时候单击变色的字体就可以跳转到刚才设置的页面,使用相同的方法,分别为其他目录页等章节标题设置超链接,如图 3 - 58 所示。

图 3 - 58　完成超链接的目录

2. 添加动作按钮

章节介绍结束后,演讲者需要再次返回目录页时,可以在幻灯片页面中创建动作按钮来设置超链接,实现幻灯片的"返回"功能。

具体操作方法如下:

单击"插入"选项卡,选择"形状"按钮,在下拉列表中选择"动作按钮"功能区的"动作按钮:第一张",鼠标指针将变为"+"形状,在幻灯片底部中间的位置长按鼠标左键拖曳绘制按钮,绘制完成后会自动打开"动作设置对话框",在"链接到"下拉列表中选择"幻灯片"选项,在打开的"超链接到幻灯片"对话框中选择"幻灯片 2"选项,单击"确定"按钮即可完成动作按钮的添加,如图 3-59 所示。

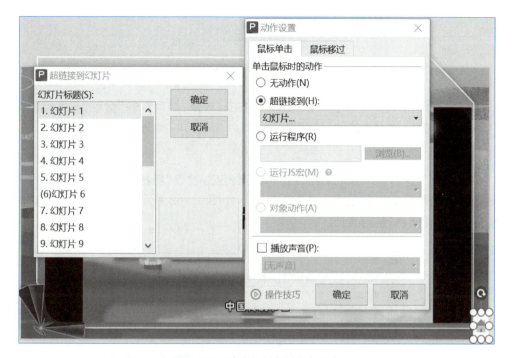

图 3-59 动作按钮超链接的设置

3. 放映演示文稿

(1)手动启动放映。

打开演示文稿,单击功能区选项卡中"放映""从头开始",这时从演示文稿的第 1 张幻灯片开始放映;如果单击"当页开始"按钮,则可以从当前幻灯片开始向后放映。直接按键盘上的 F5 键,即可从头开始放映。

(2)若要将演示稿保存为放映格式,可以在"另存为"对话框中选择"文件类型"为"Microsoft PowerPoint 放映文件(* . ppsx)"保存,这时文件的扩展名为. ppsx,该类型的文件只要双击文件名就可以放映。

(3)幻灯片在播放的过程中,如果每张幻灯片都需要手动单击,这可能比较耗时,使用"排练计时"功能可以节省时间。使用排练计时时,每张幻灯片播放的时间是固定的,无须逐个单击进行操作,播放完后自动跳转到另外一张幻灯片。其具体步骤如下:

① 在"放映"选项卡中,单击"排练计时"按钮,如图 3-60 所示。

图 3-60 排练计时的选定

② 弹出的对话框会进行自动录制,若当前幻灯片录制完毕,单击,可以进行下一张幻灯片的录制,如图 3‑61 所示,当前录制的时间为 16 秒。

图 3‑61　"预演"对话框

③ 如果想停止,可以单击暂停按钮,或者右击,选择"结束放映"命令;在弹出的对话框中单击"是"按钮,将会把排练时间保存到幻灯片切换的时间设置中。

步骤 6：演示文稿的导出

单击"文件"选项,在下拉列表中选择"文件打包",设置"将演示文档打包成文件夹",系统将弹出"将演示文稿打包成文件夹"对话框,如图 3‑62 所示,在需要时可勾选"同时打包成一个压缩文件"备份文档。

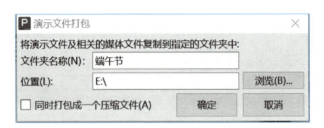

图 3‑62　"将演示文档打包成文件夹"

【拓展提升】

一、演示文稿动画样式分类

在 WPS 演示文稿中,提供了多种动画样式,这些动画样式分为四大类,包括"进入""强调""退出"和"动作路径"。

（1）"进入"动画。"进入"动画描述了应用对象从"无"到"有"的过程,强调应用对象以什么方式在屏幕上出现。"进入"动画包括基本型、细微型、温和型、华丽型四个风格子类,每个子类下有多种动画效果,例如出现、飞入、切入、百叶窗、菱形、棋盘等。

（2）"强调"动画。"强调"动画用于使文本、形状、图片等应用对象更加显眼,这种动画不会改变幻灯片上的对象数量,而是通过变化来吸引观众的注意力。强调的效果可以是变大或缩小这种基本设置,也可以是像"跷跷板"这种比较俏皮的设置,"强调"动画也包括基本型、细微型、温和型、华丽型四个风格子类,每个子类下有多种动画效果,例如放大/缩小、闪现、闪烁、加粗展示、加深、爆炸等。

（3）"退出"动画。"退出"动画描述了应用对象从开始的"有"变为"无"的过程,强调应用对象以什么方式从屏幕上消失。"退出"动画也包括基本、细微、温和、华丽四个风格

158

子类,每个子类下有多种动画效果,例如飞出、浮动、下沉、下降、消失、切出等。

(4)"动作路径"动画。"动作路径"动画允许应用对象以预定义的轨迹进行移动,可以是"进入",也可以是"退出"或"强调"。在应用动作路径后,会出现虚线轨迹,用户可以根据情况对其进行更改或调整。

二、演示文稿的打印

下面将进行演示文稿的打印,需要在每张 A4 纸上打印两张幻灯片。具体操作步骤如下:

除了与 WPS 文字相同的打印设置外,幻灯片的打印还有一些独特的布局要求。比如打开幻灯片的"打印预览"选项,在"打印内容"栏选择"2 张"选项;在"打印颜色"栏单击"黑白"选项;勾选"根据纸张调整大小"复选项,然后单击"打印"按钮,完成打印。如图 3–63 所示。

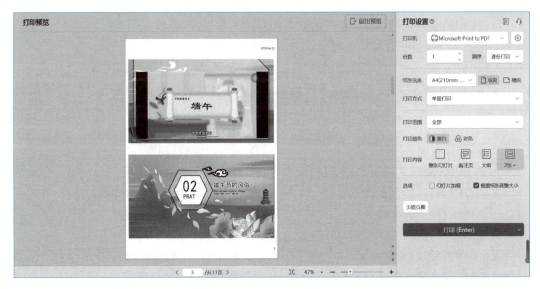

图 3–63 设置幻灯片打印版式

习题 3

一、选择题

1. 在 WPS 演示文稿中,可对母版进行编辑和修改的状态是(　　)。

A. 普通视图状态　　　　　　　　　　B. 备注页视图状态

C. 幻灯片母版视图状态　　　　　　　D. 幻灯片浏览视图状态

2. 要在选定的幻灯片中输入文字,以下说法中正确的是(　　)。

A. 可以直接输入文字

B. 首先单击文本占位符,然后输入文字

C. 首先删除占位符中的系统显示的文字,然后才可输入文字

D. 首先删除占位符,然后才可输入文字

3. 在幻灯片之间切换时,不可以设置幻灯片切换的(　　)。

A. 换页方式　　　　B. 背景颜色　　　　C. 效果　　　　　　D. 声音

4. 在 WPS 演示文稿中,可以方便地设置动画切换、动画效果和排练计时的视图是(　　)。

A. 普通视图　　　　　　　　　　　　B. 大纲视图

C. 幻灯片视图　　　　　　　　　　　D. 幻灯片浏览视图

5. 在 WPS 演示文稿中,"超级链接"命令可(　　)。

A. 实现幻灯片之间的跳转　　　　　　B. 实现演示文稿幻灯片的移动

C. 中断幻灯片的放映　　　　　　　　D. 在演示文稿中插入幻灯片

6. 在 WPS 演示文稿中,幻灯片放映方式的类型不包括(　　)。

A. 演讲者放映(全屏幕)　　　　　　　B. 观众自行浏览(窗口)

C. 展台自动循环放映(全屏幕)　　　　D. 在桌面浏览(窗口)

7. 在 WPS 演示文稿中,关于实现自动播放,下列说法正确的是(　　)。

A. 选择"观看放映"方式　　　　　　　B. 选择"排练计时"方式

C. 选择"自动播放"方式　　　　　　　D. 选择"录制旁白"方式

8. 在 WPS 演示文稿中,下列说法正确的是(　　)。

A. 不可以在幻灯片中插入剪贴画和自定义图像

B. 可以在幻灯片中插入声音和影像

C. 不可以在幻灯片中插入艺术字

D. 不可以在幻灯片中插入超链接

9. 在 WPS 演示文稿的(　　)视图中,在同一窗口能显示多个幻灯片,并在幻灯片的下面显示它们的编号。

A. 大纲　　　　　　B. 幻灯片浏览　　　C. 备注页　　　　D. 幻灯片

10. 在 WPS 演示文稿中,PPS 属于(　　)文稿格式。

A. 演示文稿模板　　　　　　　　　B. PowerPoint 放映

C. 大纲/RTF　　　　　　　　　　　D. 演示文稿

11. 在 WPS 演示文稿中,下列不属于"对齐方式"的是(　　)。

A. 居中对齐　　　B. 两端对齐　　　C. 顶端对齐　　　D. 右对齐

12. 在 WPS 演示文稿中,关于修改图片,下列说法错误的是(　　)。

A. 裁剪图片是指在不改变图片原始尺寸的情况下,而将不希望显示的部分隐藏起来

B. 当需要重新显示被隐藏的部分时,还可以通过"裁剪"工具进行恢复

C. 如果要裁剪图片,首先单击选定图片,然后"图片"工具栏中的"裁剪"按钮

D. 长按鼠标右键向图片内部拖曳时,可以隐藏图片的部分区域

二、操作题

制作一个关于"我的家乡"的演示文稿,要求如下:

1. 选择合适的模板。

2. 在第二张幻灯片中设置相应的目录,并通过超链接的方式对应到相关的幻灯片上。

3. 确保整个文件中包含不少于 3 张与家乡相关的图片。

4. 在幻灯片中为部分对象设置动画效果。

5. 为幻灯片之间的切换设置动画效果。

6. 幻灯片的整体布局合理、美观大方。

7. 幻灯片应不少于 8 页。

项目四　信息检索

学习导读

在信息技术时代,信息量迅猛增长,甚至呈现出"信息爆炸"的态势。丰富的信息量,一方面给人们带来了便利,另外一方面也影响了很多决策过程的效率。信息检索就是通过对所获得信息的整理、分析、归纳、总结,根据自身在学习、研究过程中的思考,将各种信息进行重组,创造出新的知识和信息的过程,从而实现信息的激活与增值,本项目就来学习信息搜索的知识吧!

学习目标

知识目标:
✧　理解信息检索的基本概念。
✧　了解信息检索的基本流程。
✧　了解搜索引擎中常用的信息检索技术。

技能目标:
✧　掌握常用搜索引擎的自定义搜索方法。
✧　掌握布尔逻辑检索、截词检索、位置检索、限制检索等检索方法。
✧　掌握通过网页、社交媒体等不同信息平台进行信息检索的方法。
✧　掌握通过期刊、论文、专利、商标、数字信息资源平台等专业平台进行信息检索的方法。

素质目标:
✧　培养主动寻找恰当的方式捕获、提取和分析信息,并能对信息进行加工和处理的能力。
✧　培养自觉且充分地利用信息解决生活、学习和工作中的实际问题的能力。

任务 4.1　利用搜索引擎检索信息

📄 【任务描述】

　　小王是一位极具责任心和使命感的大学生,他深知自己的家乡拥有丰富的农产品资源,但由于信息不对称,这些资源并没有得到有效利用。为了帮助家乡的父老乡亲提高生活水平,小王决定利用搜索引擎来获取所需的信息,为家乡提供帮助。

📑 【任务分析】

一、任务目标

　　小王作为一名在校大学生,希望通过学习信息检索知识来帮助家乡父老提升香菇种植技术。

二、需求分析

　　(1) 提升在搜索引擎查询香菇相关信息的能力。
　　(2) 提升在知识服务平台搜索最新科研成果的能力。
　　(3) 提升在哔哩哔哩视频网站进行搜索信息的能力。
　　(4) 提高香菇种植技术。

📖 【知识准备】

一、信息检索

　　对于"信息检索"这个概念的理解,通常有广义和狭义之分。从广义层面上,信息检索被理解为"信息的存储与检索",指按照一定的方式将信息组织和存储起来,并能根据用户的需要找出相关信息的过程,包括"存"和"取"两个基本环节。"存储"主要指在信息选择的基础上,对信息的外部特征进行描述、加工并使其有序化,形成信息集合;"检索"是指借助一定的设备与工具,运用一系列方法与策略从信息集合中查找所需的信息的方法;而狭义层面上的信息检索仅为该过程的一个环节,即人们依据特定的需要将相关信息准确地查找出来的过程。

　　信息检索的基本流程如下:第一步"确定检索需求",需要明确要查找的信息内容、信息的类型和格式是什么,尤其是要把相关的专业术语和技术都弄清楚。第二步"选择检索系统",从众多的检索系统中挑选出与检索需求相匹配的检索系统,注意选出的检索系统可能不止一个。第三步"制定检索方法",根据检索需求预先制定检索的具体步骤和方法,确定检索词,编写检索表达式,也就是制定检索策略。第四步"实施检索",在检索系统中按照预先制定的检索步骤进行检索。第五步"整理检索结果",将检索出的信息进行分析、整理、合并、排版以及加上必要的评述。这五步检索流程并非呈直线式自上而下顺序进行,有时可能需要根据结果更换检索系统或调整检索表述,重新进行检索;有时可能需要反复多次,直到检索结果满意为止。

二、搜索引擎

1. 概念

互联网如同一个信息的海洋,在上面寻找所需要的东西,就好像大海捞针。怎样才能快速准确地找到真正所需要的信息呢?"搜索引擎"(Search Engine)就是解决这个问题的一个有效途径。所谓搜索引擎,就是根据用户的需求和一定的算法,运用特定策略从互联网中检索出指定信息并反馈给用户的一门检索技术。

2. 常用搜索引擎介绍

(1) 百度搜索引擎。作为全球最大的中文搜索引擎,百度致力于向人们提供"简单、可依赖"的信息获取方式。用户可以在百度主页搜索界面的搜索框中输入需要查询的关键词,关键词可以是任意中文、英文或者是二者的混合,单击"百度一下"按钮或按 Enter 键,百度就会自动找到相关的网站和资料。

作为互联网上的实用生活指南,百度经验专注于为用户解决"具体怎样做",即重在解决实际问题。在架构上,它整合了百度知道的问题和百度百科的格式标准。百度知道可以帮助用户解决各种类型的问题,而百度经验集中解决用户"怎样做""怎么办"这一类的问题,并专门针对这类问题所具有的普遍性、过程性的特点,提供更便于用户阅读、学习和尝试的解答形式。

(2) 万方数据知识服务平台。万方数据知识服务平台整合数亿条全球优质知识资源,集成包括期刊、学位论文、会议记录、科技报告、专利、标准、科技成果、法规、地方志、视频等十余种知识资源类型。它覆盖了自然科学、工程技术、医药卫生、农业科学、哲学政法、社会科学、科教文艺等多个学科领域,实现了海量学术文献的统一发现及分析,支持多维度组合检索,以满足不同用户群的研究。

(3) 哔哩哔哩。哔哩哔哩网站于 2009 年 6 月 26 日创建,是中国年轻一代的标志性品牌及领先的视频社区,被网友们亲切地称为"B 站"。哔哩哔哩由上海宽娱数码科技有限公司及其关联公司提供服务。B 站早期以 ACG(动画、漫画、游戏)内容的创作与分享为主,经过十年多的发展,它围绕用户、创作者和内容,构建了一个源源不断产生优质资源的生态系统。B 站已经发展为涵盖 7 000 多个兴趣圈层的多元文化社区。

三、信息检索技术

信息检索的实质是"匹配运算",计算机检索的匹配运算过程是由检索系统程序软件自动完成的,由计算机自动对数据库中各文档进行扫描、匹配。

　　检索标识是一个具体的检索词或词组,每个检索词代表一个概念。在具体检索时,系统会将检索词与数据库中的文献特征标识进行比较,如果匹配成功,则该记录被判定为相关文献。

1. 布尔逻辑检索

　　布尔逻辑检索是一种高效的信息检索方法,它使用布尔逻辑表达式来表达用户的查询需求,并通过布尔逻辑算符进行检索词或代码的逻辑组配,这是现代信息检索系统中最常用的一种方法。常用的布尔逻辑运算符有三种:逻辑与"AND"、逻辑或"OR"、逻辑非"NOT",用这些逻辑运算符,用户可以构建复杂的检索式,计算机将根据提问与系统中的记录进行匹配,当两者相符时,系统将自动检索出符合条件的文献,并将其列出供用户查询。

　　(1)逻辑与。逻辑与的符号是"AND"或"＊",用于表达两个概念的交集或限定关系,可以增强专指度、提高查准率。例如,以"茶叶 AND 香菇"作为检索词,表示查找文献内容中既含有"茶叶"又含有"香菇"。

　　(2)逻辑或。逻辑或的符号是"OR"或"＋",用于表达两个概念之间的并列关系,可以扩大检索范围,提高查全率,以"茶叶"或"香菇"作为检索词,表示查找文献内容含有"茶叶"或含有"香菇"也可能两词都包含的文献。

　　(3)逻辑非。逻辑非的符号是"NOT"或"－",用于表达两个概念之间的排除关系的组配,可以提高查准率,影响查全率,以"茶叶"NOT "香菇"作为检索词。表示查找文献内容中含有"茶叶"而不含有"香菇"的文献。

2. 截词搜索

　　截词检索是预防漏检、提高查全率的一种常用技术,大多数系统都提供截词检索功能。截词是指在检索词的合适位置进行截断并使用截词符号,以减少输入步骤,简化检索程序,扩大检索范围的一种运算符。不同的检索系统有不同的截词算符,常见的有"♯""＊""?"等,这种方法又称词干检索或模糊检索。

3. 在指定网页区域搜索

　　为了在指定网站内检索出用户想要的内容,可以在关键字后先空格,再增加后缀"site:url",其中 url 为用户想要检索的网页域。

4. 限制检索

　　限制检索通过限制检索范围,缩小检索结果,来提高检索结果的精确度,主要包括限定字段检索和限定范围检索两种方式。

　　限定字段检索是将检索词限定在特定的字段中。如:题名(TI, title)、关键词(KW, keyword)、主题词(DE, descriptor)、文摘(AB, abstract)、全文(FT, full text)、作者(AU, author)、期刊名称(JN, journal)、语种(LA, language)、出版国家(CO, country)、出版年份(PY, publication year)等。字段检索表达方式一般有前缀和后缀两种方式。

　　(1)后缀方式:将检索词放在字段代码之前,其后用字段限定符号"in 或/",例如,xianggu/TI 表示"香菇"一词出现在题目中。

　　(2)前缀方式:将检索词放在所限定的字段代码之后,如用在作者(AU)、期刊名称

（JN）、出版年份（PY）、语种（LA）等字段后，例如，"LA＝Chinese"表示检索语种为中文的文献。

　　限定范围检索是通过使用限定符来限制信息检索范围，以达到优化检索结果的方法。不同的检索系统可使用的限定符略有不同，常用的有"＝""＜＝""＞＝""＜""＞"等。例如，"PY＞＝2023"表示检索限定出版年份为2023及以后的文献。

●操作视频
搜索香菇
相关信息

【任务实施】

步骤1：选择搜索引擎

　　打开 Firefox 浏览器，点击浏览器右上角"进入应用程序菜单"—>"设置"，打开"设置"页面，点击"搜索"，在搜索栏选择"添加搜索栏到工具栏"，默认搜索引擎选择"百度"，如图4-1所示。

图4-1　选择默认搜索引擎

步骤2：搜索包含"香菇"的基本信息

　　使用网页标题检索包含"香菇"这个词的网页。打开百度搜索引擎，输入关键字"intitle:香菇"，点击"百度一下"按钮，系统将会检索出在网页标题中包含"香菇"的网页，如图4-2所示。

　　为了深入了解当前家乡的香菇种植情况，可使用特定关键词检索将"家乡"与"香菇"，这两个关键字词进行限定查询。打开百度搜索引擎，输入键词"香菇 宣城"，点击"百度一下"按钮，系统就会显示对应的检索结果，如图4-3所示。

图 4‑2　网页标题检索

图 4‑3　布尔逻辑与检索

步骤 3：搜索香菇种植资料

（1）利用文件类型限制检索查找"香菇培养基选择与预处理技术"演示文稿。打开百度搜索引擎，输入关键词"香菇 培养基 filetype:PPT"，点击"百度一下"按钮，系统就会显示对应的检索结果，如图 4‑4 所示。

（2）利用万方数据知识服务平台等渠道，搜集有关香菇的最新科研成果和技术资料。打开万方数据知识服务平台，在万方智搜检索框中输入"香菇 接种"，点击"检索"按钮，系统就会显示对应的检索结果，如图 4‑5 所示。

图 4-4　文件类型限制检索

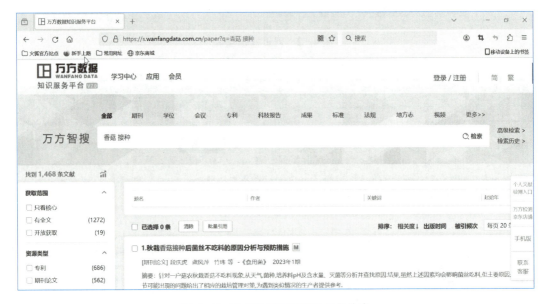

图 4-5　万方数据知识服务平台检索

步骤4：搜索香菇的出菇管理视频

利用哔哩哔哩视频网站,搜索有关香菇的出菇管理视频。打开哔哩哔哩网站,输入如下检索内容:"香菇 出菇管理",点击"搜索"按钮,系统就会显示对应的搜索结果,如图4-6所示。

图 4－6　哔哩哔哩视频网站检索

【拓展提升】

一、香菇的食用

抖音由北京抖音集团有限公司孵化的一款音乐创意短视频社交软件。利用抖音的检索功能查找与香菇食用相关的视频。

打开 Firefox 浏览器，输入"抖音"网址，进入"抖音"首页，在检索框中输入"香菇　烹饪"，点击"搜索"按钮，即显示对应的检索结果，如图 4－7 所示。

图 4－7　抖音网站检索

二、香菇的贮藏

国家科技图书文献中心(NSTL)致力于构建数字时代的国家科技文献资源战略保障服务体系,它广泛收藏和开发了包括理、工、农、医等学科领域的科技文献资源,并提供公益的、普惠的科技文献信息服务。

利用国家科技图书文献中心(NSTL)检索查找"香菇贮藏"技术资料。打开 Firefox 浏览器,输入"国家科技图书文献中心"网址,进入"国家科技图书文献中心"首页;在检索框中输入"香菇 贮藏",点击"检索"按钮,系统就会显示对应的检索结果,如图 4 - 8 所示。

图 4 - 8　国家科技图书文献中心网站检索

任务 4.2　利用专用平台检索信息

📝 【任务描述】

注册商标对于品牌的发展非常重要,它不仅能够保护品牌的知识产权,防止被侵权,还能够提升品牌的知名度和影响力。对于香菇品牌来说,注册商标同样非常重要。小王决定利用搜索引擎来获取所需的信息,为家乡父老完成商标申请。

🔖 【任务分析】

一、任务目标

作为一名在校大学生,小王希望使用所学的信息检索知识来帮助家乡父老申请香菇商标。

二、需求分析

（1）掌握常用搜索引擎的使用方法。

（2）掌握国家知识产权局商标局 中国商标网官方网站搜索信息的方法。

（3）掌握在小红书网站上搜索信息的方法。

【知识准备】

一、百度百科

百度百科是百度公司推出的一个内容丰富，开放、自由编辑的在线百科全书。其测试版于 2006 年 4 月 20 日上线，正式版于 2008 年 4 月 21 日发布。截至 2023 年 4 月，百度百科已经收录了超 2 700 万个词条，参与词条编辑的网友超过 770 万人，几乎涵盖了所有已知的知识领域。

二、商标

1. 商标的基本概念

商标是用于识别和区分商品或者服务来源的标志。任何能够将自然人、法人或者其他组织的商品与他人的商品区别开的标志，包括文字、图形、字母、数字、三维标志、颜色组合和声音等，以及上述要素的组合，均可以作为商标申请注册。

2. 商标的申请

依照《中华人民共和国商标法》第四条的规定，自然人、法人或者其他组织在生产经营活动中，对其商品或者服务需要取得商标专用权的，应当向商标局申请商标注册。

三、小红书

小红书是一个集合生活方式平台分享和消费决策于一体的平台，由毛文超和瞿芳于 2013 年在上海创立。它通过机器学习对海量信息和人进行精准、高效匹配，用户可以在平台上通过短视频、图文等形式记录生活点滴、分享生活方式，并基于兴趣形成互动。

【任务实施】

●操作视频

搜索商标
相关信息

步骤 1：搜索商标注册程序

为了保护香菇品牌的商标权益，提升香菇品牌的知名度和影响力，注册商标必不可少。打开百度百科，输入关键字"商标注册程序"，点击"进入词条"按钮，显示对应的检索结果，如图 4-9 所示。

图 4-9　百度百科检索

步骤2：搜索商标注册官网

商标注册是一个法定程序，通过注册可以保护品牌的独特标识和权益。要注册商标，首先需要访问国家知识产权局的官方网站。打开百度搜索引擎，输入关键词"中国商标网"，点击"百度一下"按钮，系统就会显示对应的检索结果，如图 4-10 所示。

图 4-10　中国商标网检索

步骤3：搜索商标申请资料

首先，需要访问"国家知识产权局商标局 中国商标网"官方网站，选择导航栏中的"商标申请"，如图 4-11 所示。

图 4-11　访问"国家知识产权局商标局 中国商标网"官方网站

步骤 4：搜索商标申请注意事项

为了顺利完成商标申请，可以打开"小红书"，输入如下检索内容："申请商标 注意事项"，图 4-12 为小红书网站的"申请商标　注意事项"的相关检索内容。

图 4-12　小红书检索内容

【拓展提升】

一、申请专利标准表格下载

申请专利需要提交《发明专利请求书》《说明书》《权利要求书》《说明书摘要》,根据用户的技术方案,必要时还需要提交《说明书附图》。用户可以从国家知识产权局政府网站下载统一制定的标准表格。

打开 Firefox 浏览器,输入"国家知识产权局"网址,进入"国家知识产权局"首页,选择导航栏上的"服务"选项卡,单击"信息服务"下的"表格下载",系统就会显示与专利申请相关的各类标准表格,如图 4‑13 所示。

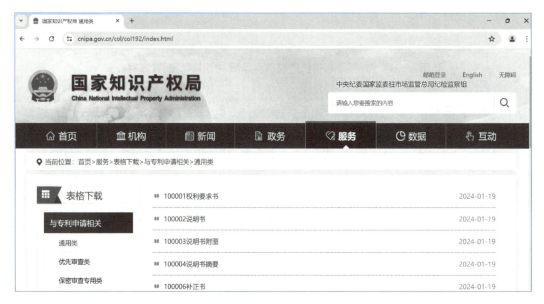

图 4‑13　国家知识产权局服务查询

二、专利电子申请

专利电子申请指的是以互联网作为传输媒介,将专利申请文件以符合规定的电子文件形式向国家知识产权局提出的专利申请。申请人可以通过电子申请系统,以离线或在线方式向国家知识产权局提交发明、实用新型、外观设计专利申请、进入中国国家阶段的专利国际申请以及专利复审和无效宣告请求。

打开 Firefox 浏览器,输入"国家知识产权局专利业务办理系统"网址,进入网站首页,在"专利申请及手续办理"分类下即显示对应的接口,如图 4‑14 所示。

图 4‑14　专利申请及手续办理接口

任务 4.3　利用知网撰写论文

【任务描述】

　　小王想以前面搜索香菇种植技术和商标申请经验为基础,运用中国知网这一包含海量论文的工具,撰写一篇关于创新创业的论文,来参加互联网＋大学生创新创业大赛。

【任务分析】

一、任务目标

运用中国知网这一包含海量论文的工具,撰写一篇关于创新创业的论文。

二、需求分析

(1) 掌握检索期刊、论文的方法。
(2) 提高撰写创新创业论文的能力。

【知识准备】

一、中国知网

中国知网(China National Knowledge Infrastructure,CNKI)是由清华同方知网技术

有限公司和中国学术期刊电子杂志社共同创办的网络知识平台,它是世界上最大的连续动态更新的学术文献数据库。该库深度整合了学术期刊、学位论文、会议论文、报纸、年鉴、专利、国内外标准等中外文资源,并且每日进行数据更新。

二、文献检索方法

1. 快速检索

进入知网首页后,点击"文献检索""知识元检索"或"引文检索"按钮,即进入相关类别的检索页面,"文献检索"是打开知网首页时自动进入的默认选项。单击搜索框中的下拉菜单,根据需要选取"主题""篇关摘""关键词""篇名""全文""作者"等检索字段;并"勾选"要进行搜索的数据库文件类型,例如"学术期刊""学位论文""会议""报纸"等,以确定在单个或多个数据库检索所需信息。完成以上步骤后,即可进行快速搜索。

2. 高级检索

为使检索结果更精准,知网提供了高级检索功能。高级检索是为实现精准检索对检索字段设置的约束条件,包括"主题""作者""文献来源"及它们之间的逻辑关系,还包括"时间范围""网络首发""增强出版""基金文献""中英文扩展""同义词扩展"等。同时,对"主题""作者""文献来源"这些约束条件既可以增加也可以减少;既可以设置成"精确"匹配也可以设置成"模糊"匹配。

操作视频

利用知网撰写
创新创业论文

【任务实施】

步骤 1:明确研究主题

首先确定创新创业论文的主题或研究领域,比如"大学生创业模式""创新教育对创业的影响"等。

1. 登录知网

登录中国知网官方网站,如图 4 - 15 所示。如果用户是在校大学生,用户的学校可能已经订购了知网服务,用户可以通过校园网络免费访问。

2. 关键词选择

根据研究主题,选取相关的关键词。在上述例子中,可能的关键词包括"大学生""创业模式""创业策略""创新"和"创业"等。

步骤 2:筛选和下载文献

1. 进出初步检索

在知网首页的搜索框中输入您研究主题的关键词,例如"大学生 创业",然后点击"检索"按钮,初步检索结果页面如图 4 - 16 所示。

图 4 - 15　登录知网

图4-16 初步检索结果页面

2. 筛选文献类型

在检索结果页面上,利用知网的筛选功能选择适合的文献类型,例如学术期刊、硕士论文、博士论文等,图4-17所示。

图4-17 筛选文献类型

3. 使用高级检索

为了获取更精确的结果,可使用知网的高级检索功能,通过设置不同的检索字段(如篇名、作者、关键词、摘要等),以及逻辑运算符(AND,OR,NOT)来组合搜索条件,图4-18所示。

4. 浏览和下载文献

根据检索结果,浏览文献标题和摘要,选取与研究主题最相关的文献进行下载。注意

图 4-18　高级检索

查看文献的被引用次数,这可以作为文献影响力的一个重要参考,如图 4-19 所示。

图 4-19　浏览和下载文献

步骤 3：论文撰写

利用知网的可视化分析工具,如分组浏览、基金分布、研究趋势分析等,可以帮助了解当前研究的热点和发展趋势,图 4-20 所示。

结合检索到的文献资料和自己的思考,构建论文大纲,明确研究问题、研究方法、理论框架和可能的研究创新点。选取"乡村振兴背景下大学生返乡帮扶地标农产品产业建设途径研究:以香菇产业为例"为题目,开始撰写论文。

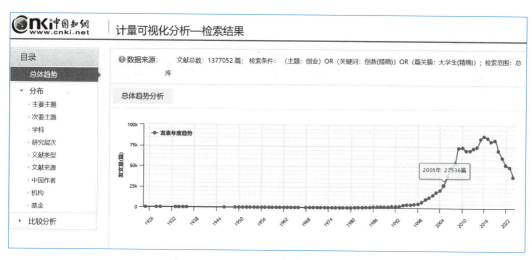

图 4 - 20　研究趋势分析

【拓展提升】

一、从现实应用中选论文题目

以某一关键词进行检索(以关键词"创新创业"为例),对"被引"情况进行排序,筛选出研究领域中的高应用度、高影响力的文献,图 4 - 21 所示。

图 4 - 21　"被引"情况排序

二、从最新研究中选论文题目

检索文献后,利用分组排序功能,可以按发表时间排序,找出行业最新进展,如图 4 - 22 所示。

图 4－22　"发表时间"情况排序

三、从热点趋势中选论文题目

一框式检索栏处选择"知识元",勾选"指数",输入关键词并检索,如图 4－23 所示。

图 4－23　知识元检索

检索结果从"学术关注度"(基于期刊、博硕士、会议文献)"媒体关注度"(基于报纸文献)和"学术传播度"(基于被引量)三种维度揭示其发展趋势,如图 4－24 所示。

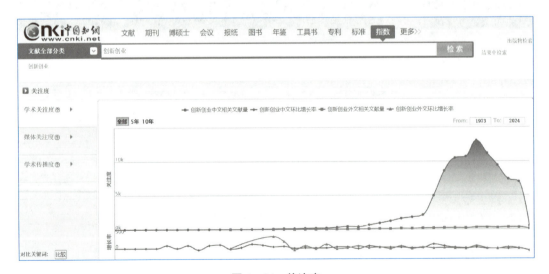

图 4－24　关注度

习题 4

一、填空题

1. 搜索引擎是指根据用户需求与一定算法,运用_____从互联网检索出指定信息反馈给用户的一门检索技术。

2. 商标申请是依照《中华人民共和国商标法》第四条的规定,自然人、法人或者其他组织在生产经营活动中,对其商品或者服务需要取得_____,应当向商标局申请商标注册。

3. 一般地,人们从_____和_____两个方面对 Internet 信息检索方式进行分类。

4. 搜索引擎按其工作方式和原理的不同,主要可分为三种,分别是_____、_____和_____。

二、简答题

1. 什么是信息检索?

2. 搜索引擎有何作用? 按搜索引擎收录资源的学科覆盖面划分,可分为哪两种类型?

3. 什么是截词搜索?

4. 简述布尔逻辑算符检索的含义与功用。

5. 简述中国知网文献高级检索的含义与功用。

项目五　新一代信息技术概述

 学习导读

　　新一代信息技术以物联网、云计算、大数据、人工智能为代表，它既是信息技术的纵向进阶，也是信息技术的横向渗透融合。新一代信息技术是当今世界创新性较活跃、渗透性较强、影响力较广的领域，正在全球范围内引发新一轮的科技革命，并以前所未有的速度转化为现实生产力，引领科技、经济和社会日新月异。本项目我们来深入探讨新一代信息技术的基本概念、技术特点和典型应用等。

 学习目标

知识目标：

◇ 掌握新一代信息技术的基本原理和核心概念，包括但不限于云计算、大数据、物联网、人工智能、区块链等。

◇ 了解新一代信息技术的最新发展动态和趋势，包括新兴技术的起源、发展和应用前景。

◇ 熟悉新一代信息技术在不同行业中的应用场景和案例，理解这些技术如何为现代社会带来变革。

技能目标：

◇ 技术操作能力：具备使用新一代信息技术工具和平台的基本操作能力，例如云计算平台、大数据分析软件、人工智能模型等。

◇ 问题解决能力：能够运用所学知识分析和解决实际问题，例如利用大数据进行市场分析、使用人工智能进行智能推荐等。

◇ 创新能力：鼓励学习者在新一代信息技术领域进行探索和创新，开发新的应用或改进现有技术。

素质目标：

◇ 跨学科整合能力：培养学习者将新一代信息技术与其他学科领域知识相结合的能力，实现跨学科的整合和创新。

　　◇　团队协作与沟通能力：在团队项目中锻炼学习者的协作和沟通能力，使其能够在团队中有效发挥个人和集体的优势。

　　◇　伦理与责任意识：培养学习者在使用新一代信息技术时遵循伦理规范，意识到技术对社会、环境和个人可能产生的影响，并承担相应的责任。

　　◇　终身学习能力：鼓励学习者树立终身学习的理念，不断关注新一代信息技术的最新发展，持续学习和进步。

任务 5.1　赋予机器"听"的能力

【任务描述】

　　语音识别是人工智能领域的关键技术之一，它使得机器能够"听"懂人类的语言。本任务将以人工智能中的语音识别技术——以讯飞语记 App 为案例，介绍语音识别的基本原理、技术实现及其在实际应用中的价值。通过学习，学习者不仅能够了解语音识别在人工智能中的重要作用，了解其基本原理、核心技术和技术实现方法，还能掌握运用相关软件实现语音到文字的转换。

【任务分析】

一、任务目标

　　使用"讯飞语记 App"进行实时的语音到文字的转换，并对生成的文本进行编辑、修改、保存等。

二、需求分析

　　（1）理论需求：理解语音识别的基础理论和关键技术。

　　（2）实践需求：通过实际操作和实验，应用所学知识，提升实践操作能力。

　　（3）分析需求：具备分析语音识别应用场景和挑战的能力。

三、注意事项

　　（1）理论与实践结合：确保理论知识和实践操作相结合，避免单一的理论或实践的倾向。

　　（2）关注最新技术：语音识别技术发展迅速，关注最新技术的相关和研究成果。

　　（3）强调实际应用：注重语音识别的实际应用场景，在实践中理解和应用所学知识。

　　（4）培养实践能力：通过设计实践环节、提供实验工具和数据成果，参与项目实践，培养和提高实践操作能力。

【知识准备】

一、人工智能概述

人工智能作为计算机科学的一个分支,旨在研究、开发和应用能够模拟、延伸和扩展人类智能的理论、方法和技术。它涵盖了多个领域,如机器学习、自然语言处理、计算机视觉等,力求使机器具备类似人类的感知、学习、推理和决策能力。随着技术的飞速进步,人工智能已逐渐融入我们生活的方方面面,从智能家居到自动驾驶,从医疗诊断到金融分析,其应用前景广阔而深远。

二、人工智能应用——语音识别

微课

语音识别
应用

在人工智能的众多领域中,语音识别技术尤为引人注目。语音识别又称自动语音识别,是指将人类语音中的词汇内容转换为计算机可读的输入(如字符或字节序列)的过程。其理论基础主要基于声学模型和语言模型。声学模型负责将语音信号转化为可能的单词序列,而语言模型则根据语法规则和词汇概率,对这些单词序列进行筛选和优化。常用的语音识别算法和模型包括动态时间规整(DTW)、隐马尔可夫模型(HMM)、深度学习模型(如卷积神经网络 CNN、循环神经网络 RNN、长短期记忆网络 LSTM)等。这些算法和模型通过对语音信号的分析和处理,实现语音到文本的转换。随着深度学习技术的发展,语音识别技术的准确率得到了显著提升,使得人机交互更加自然、便捷。

通过对人工智能及其分支领域语音识别的理论介绍,不难发现,这两者在推动科技进步和改善人类生活方面发挥着举足轻重的作用。随着技术的不断创新和完善,人工智能及其应用领域将在未来展现更加璀璨的光芒。

【任务实施】

步骤 1：准备阶段

选择合适的工具：首先,需要选择一个具备语音到文字转换功能的工具。目前,市面上有很多这样的工具,例如国外的有 Google 语音识别、Apple 的 Siri、Microsoft 的 Cortana(图 5-1)等,国内也有诸如讯飞语记(图 5-2)、网易见外、搜狗输入法等优秀产品,以及一些专门针对语音到文字转换需求的专业软件。

步骤 2：下载与安装

在应用商店或讯飞官方网站下载讯飞语记 App,并安装到手机上,如图 5-3 所示。

步骤 3：注册与登录

打开 App 后,按照提示进行注册或登录操作,如图 5-4 所示。

图 5-1　Cortana

图 5-2　讯飞语记

设定操作环境：选择一个相对安静的环境进行语音到文字转换的操作，以减少背景噪音的干扰。

步骤 4：进入转写

打开讯飞语记：在手机桌面找到讯飞语记 App 图标，点击将其打开，其界面如图 5-5所示。

选择转写模式：在 App 首页，可以选择不同的转写模式，如"语音输入""音视频转写"等，根据你的需求选择相应的模式。

图 5‑3　讯飞语记 App

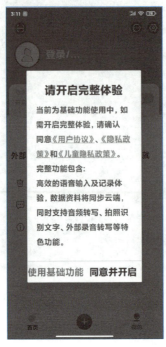

图 5‑4　注册与登录

图 5‑5　讯飞语记 App 界面

图 5‑6　语音转写成文字

步骤 5：开始转写

开始录音：在"语音输入"模式下，点击录音按钮开始录音。可以对着手机说话，App会实时将你的语音转写成文字，如图 5-6 所示。

调整设置：在录音过程中，可以调整语速、识别语言等设置，以适应不同的场景和需求。

步骤 6：保存转写

保存与编辑：录音完成后，点击"完成"按钮，你的语音内容将被保存为文本格式的笔记。此时，可以对笔记进行编辑、修改或分享，如图 5-7 所示。

图 5-7　保存与编辑

步骤 7：外部录音转写

导入音频：在"音视频转写"模式下，点击"导入文件"按钮，从手机中选择需要转换的音频文件。

开始转写：选择好音频文件后，点击"转写"按钮，App 会将音频内容转写成文字，如图 5-8 所示。

查看与编辑：转换完成后，可以在 App 中查看生成的文字内容，并对其进行编辑、保存或分享。

注意事项

确保网络连接：为了保证语音转文字的准确性，建议在使用讯飞语记时保持网络

图 5-8 音视频转写

连接。

优化录音环境：为了获得更好的识别效果，建议在录音时选择比较安静的环境，避免过多的背景噪音。

定期检查更新：为了获得更好的使用体验和功能，建议定期检查并更新讯飞语记 App。

【拓展提升】

语音识别的应用广泛，包括智能家居、医疗、汽车、客户服务和教育等领域，可以极大地提高效率和便利性。然而，语音识别技术也面临一些挑战，如环境噪声、口音和方言差异、技术限制、隐私和安全问题以及文化和社会接受度等。随着技术的不断进步和创新，这些挑战有望得到逐步解决。

任务 5.2　体验数字人民币

【任务描述】

随着科技的发展，数字货币逐渐成为人们生活中的一部分。本次任务将以"数字人民币"App 为例,介绍其基本概念、工作原理及其在日常生活中的应用场景。通过学习,学习者将能够了解数字人民币与传统货币的区别,掌握其使用方法,并探索其背后的技术原理。

 【任务分析】

一、任务目标

掌握"数字人民币"App 的使用,了解数字人民币的概念及其与传统货币的区别等。

二、需求分析

数字人民币账户的开设,需要使用者拥有一个银行账户,如建设银行、中国银行、农业银行等。

如果想对数字人民币账户进行充值、转账等基本操作,需要使用者确保其账户中具备一定的资金。

三、注意事项

(1) 在使用数字人民币时,应注意保护个人隐私和账户安全。
(2) 了解数字人民币的法律规定和使用限制。

【知识准备】

● 微课

什么是
区块链?

在人工智能的广阔领域中,区块链技术以其独特的优势为人工智能的发展注入了新的活力。从理论层面来看,区块链技术为人工智能提供了一个安全、透明、不可篡改的数据存储和处理环境,这使得人工智能模型能够更加精准、可靠地进行学习和优化。

区块链是一种集成了分布式数据存储、点对点传输、共识机制、加密算法等计算机技术的新型应用模式。从狭义上讲,区块链是一种按照时间顺序将数据区块以顺序相连的方式组合成的一种链式数据结构,并以密码学的方式保证其不可篡改和不可伪造,形成分布式账本。从广义来说,区块链技术是利用块链式数据结构来验证与存储数据、利用分布式节点共识算法来生成和更新数据、利用密码学的方式保证数据传输和访问的安全、利用由自动化脚本代码组成的智能合约来编程和操作数据的一种全新的分布式基础架构与计算方式。

区块链具有多种特性,包括去中心化、透明性、安全性、不可篡改性、可编程性、历史记录和匿名性。这些特性使得区块链技术在解决交易的信任和安全问题方面发挥着重要作用。区块链的应用领域广泛,不仅限于数字货币领域,还可以应用于供应链管理、版权保护、身份验证等多个领域。

数字人民币是区块链技术与人工智能相结合所推动的创新性应用。数字人民币作为一种基于区块链技术的数字货币,不仅具有区块链技术的所有优势,还结合了中国特有的金融体系和监管要求,为支付和结算领域带来了革命性的变化。通过区块链技术,数字人民币实现了交易的去中心化、透明化和安全化。这使得支付过程更加高效、便捷,同时也降低了交易成本和风险。此外,数字人民币还具备可编程性,可以根据用户需求进行定制化的支付和结算方案设计,进一步满足了市场的多样化需求。

【任务实施】

步骤 1:开设数字人民币账户

(1)安装数字人民币 App,启动 App 准备新用户注册,如图 5-9 所示。

图 5-9 "用户登录"界面　　图 5-10 "新用户注册"界面　　图 5-11 "设置登录密码"界面

(2)打开"新用户注册"界面,输入手机号码,选中"我已阅读并同意《App 用户服务协议》与《App 个人信息保护政策》",然后单击"注册"按钮,如图 5-10 所示。

(3)打开"请输入验证码"界面,在其中输入收到的短信验证码。

(4)打开"设置登录密码"界面,输入密码并验证,最后单击"完成"按钮,完成数字人民币 App 就注册,如图 5-11 所示。

步骤 2:开通数字钱包

(1)进入数字人民币 App 的欢迎页,单击"开通数字钱包"按钮,如图 5-12 所示。

(2)学习者可将数字人民币提现至银行卡或其他支付账户,如图 5-13 所示。

(3)打开"验证手机号"界面,选中相关复选框,然后单击"下一步"按钮,如图 5-14 所示。

(4)打开"请输入验证码"界面,输入收到的短信验证码,如图 5-15 所示。

图 5‑12　数字人民币 App 欢迎页　　　图 5‑13　"开通匿名钱包"界面

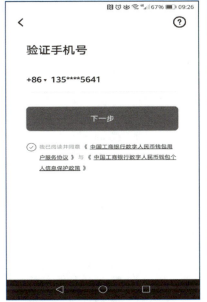

图 5‑14　"验证手机号"界面　　　　图 5‑15　"请输入验证码"界面

（5）打开"设置钱包名称"界面，用户可自行修改钱包名称，然后单击"下一步"按钮，如图所示 5‑16 所示。

（6）打开"设置钱包支付密码"界面，输入要设置的密码，填写短信验证码并"确认钱包支付密码"。

（7）打开"开通成功"界面，单击"完成"按钮。至此，数字钱包开通成功，如图 5‑17 所示。

图 5‑16　"设置钱包名称"界面　　　图 5‑17　"开通成功"界面

步骤 3：数字钱包充值

（1）进入主界面，查看开通的数字钱包，单击"充钱包"链接，如图 5‑18 所示。

图 5‑18　单击"充钱包"链接　　图 5‑19　输入充值金额　　图 5‑20　"选择银行"界面

（2）打开"充钱包"界面，在编辑框中输入充值金额，然后选择充钱包方式，本例单击"银行卡充钱，简单快捷"按钮，如图 5‑19 所示。

（3）打开"选择银行"界面，在其中选择一家银行，如图 5‑20 所示。

（4）系统会自动跳转至对应的手机银行 App，根据提示为数字钱包充值即可。

步骤 4：使用数字人民币

（1）充值完成后，返回数字人民币 App 的首页，即可看到数字钱包的余额，如图 5-21 所示。

图 5-21　充值后的数字钱包余额　　　　　图 5-22　收钱码

（2）右上角单击"扫一扫"，扫描收款二维码即可支付数字人民币。数字钱包页面往下滑，即可显示收钱二维码，如图 5-22 所示。

（3）使用数字人民币支付，可切换到"服务"界面，然后单击"子钱包"下方的"查看更多"按钮，如图 5-23 所示。

（4）打开"开通子钱包"界面，单击"添加子钱包"按钮，如图 5-24 所示。

（5）打开"选择商户"界面，在下方列表中选择一款 App（如"京东 App"），如图 5-25 所示。

（6）打开"选择数字钱包"界面，选择要在京东 App 中使用的数字钱包，如图 5-26 所示。

（7）打开"确认账号"界面，确认账号无误后单击"确认"按钮，如图 5-27 所示。

（8）输入支付密码，在打开的界面中可修改京东子钱包的支付限额，也可保持默认直接单击"确认"按钮，如图 5-28 所示。

（9）数字钱包推送成功，在打开的界面中单击"打开京东"按钮即可跳转至京东 App，如图 5-29 所示。

（10）选择要购买的商品，进入"京东收银台"界面，选择"数字人民币"支付方式，然后单击"确认付款"按钮，如图 5-30 所示。

图 5‑23　单击"查看更多"按钮

图 5‑24　单击"添加子钱包"按钮

图 5‑25　选择一款 App

图 5‑26　选择要使用的数字钱包

（11）打开"数字人民币支付"对话框，单击"确定"按钮，如图 5‑31 所示。

（12）"身份验证"对话框中输入收到的短信验证码，单击"确认付款"按钮即可，如图 5‑32 所示。

图 5-27　"确认账号"界面　　　　图 5-28　设置京东子钱包的支付限额

图 5-29　单击"打开京东"按钮　　　　图 5-30　选择支付方式

（13）打开"支付成功"界面，可看到已成功使用数字人民币在京东 App 上购买商品，如图 5-33 所示。

（14）返回数字人民币 App 首页，可看到数字钱包的余额也相应发生了变化，如图 5-34 所示。

图5‑31 "数字人民币支付"对话框

图5‑32 "身份验证"对话框

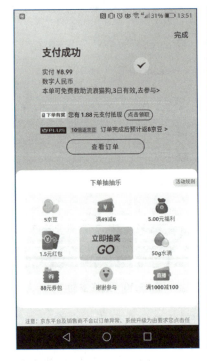

图5‑33 "支付成功"界面

图5‑34 付款后的数字钱包余额

【拓展提升】

数字人民币作为法定数字货币,在全球范围内具有广阔的应用前景。随着数字技术的快速发展,数字人民币有望成为全球范围内便捷、安全的支付手段,促进跨境贸易和投资便利化。同时,数字人民币的推广也将面临技术、法律、监管等多方面的挑战,需要国际社会共同合作和探讨,以实现数字经济的可持续发展。

区块链技术基于去中心化、分布式账本和加密技术,确保数据不可篡改和高度安全。在数字人民币的应用中,区块链技术用于记录每一笔交易的详细信息,确保交易的真实性和合法性。数字人民币通过智能合约实现自动执行和验证交易条件,保障交易的透明度和可审计性。这种技术的应用提高了数字人民币的流通性和安全性,也促进了数字经济的发展。区块链技术的去中心化特点还降低了交易成本,提高了交易效率,为金融行业的创新提供了新的可能性。

数字人民币可能带来深远的经济和社会影响。经济上,它可能提升金融效率,降低交易成本,促进数字经济和普惠金融的发展;社会上,数字人民币的推广可能提高支付的便捷性,增强金融包容性,并助力智慧城市的建设。同时,也需关注其带来的隐私保护、数据安全等挑战。

习题 5

一、选择题

1. 关于人工智能的描述,以下选项正确的是(　　)。

A. 人工智能是生物学的一个分支,主要研究动物行为

B. 人工智能旨在模拟、延伸和扩展人类智能

C. 人工智能只涉及机器学习一个领域

D. 人工智能无法用于医疗诊断

2. 不属于人工智能范畴的技术是(　　)。

A. 机器学习　　　　　　　　　　B. 自然语言处理

C. 语音识别　　　　　　　　　　D. 传统编程技术(如 C++编程)

3. 语音识别技术中,负责将语音信号转化为可能的单词序列的模块是(　　)。

A. 声学模型　　　　　　　　　　B. 语言模型

C. 循环神经网络(RNN)　　　　　D. 深度学习模型

4. 在语音识别中,不是深度学习技术的代表的算法或模型是(　　)。

A. 隐马尔可夫模型(HMM)　　　　B. 卷积神经网络(CNN)

C. 循环神经网络(RNN)　　　　　D. 长短期记忆网络(LSTM)

5. 关于区块链的描述,以下选项正确的是(　　)。

A. 区块链是一种集中式数据存储方式

B. 区块链的透明性意味着所有交易对所有人都是可见的

C. 区块链数据可以被任意修改

D. 区块链技术仅用于数字货币领域

6. 下列选项中,不属于区块链技术为人工智能提供的关键特性的是(　　)。

A. 中心化　　　　B. 透明性　　　　C. 可篡改性　　　　D. 安全性

7. 数字人民币相较于传统货币,区块链技术为其带来的优势是(　　)。

A. 更高的防伪性能　　　　　　　B. 易于携带

C. 无须银行系统支持　　　　　　D. 交易成本高

8. 区块链技术中的智能合约主要用于(　　)目的。

A. 数据存储　　　　　　　　　　B. 加密通信

C. 自动执行合同条款　　　　　　D. 数据备份

二、简答题

1. 简述人工智能在智能家居领域中的应用,并举例说明其中一个具体应用。

2. 简述区块链技术如何帮助提升数字人民币的安全性,并举例说明。

项目六　信息素养与社会责任

学习导读

　　信息素养与社会责任是指在信息技术领域，通过对信息行业相关知识的了解，内化形成的职业素养和行为自律能力。信息素养与社会责任对个人在各自行业内的发展起着重要作用。具备良好的信息素养，能够使个人在各自行业内保持竞争力；而践行社会责任，则有助于提升个人在行业内的声誉和影响力。同时，信息素养与社会责任也是企业和社会对人才的重要评价标准之一。本项目主要介绍如何培养良好的信息素养和承担相应的社会责任。

学习目标

知识目标：
✧　了解信息素养的基本概念及核心要素。
✧　了解信息技术的发展历程及知名企业的兴衰变化。
✧　了解信息安全及自主可控的具体要求。
✧　了解相关法律法规与职业行为自律的要求。
✧　了解不同行业内个人发展的通用途径和工作方法。

技能目标：
✧　掌握信息伦理知识并能有效辨别虚假信息。
✧　具备提升信息获取、甄别和运用信息解决实际问题的能力。
✧　具备较强的信息安全意识与防护能力。

素质目标：
✧　培养良好的信息素养和高度的社会责任感。
✧　树立正确的职业理念。
✧　树立正确的信息使用准则。

任务 6.1　　评价自己的信息素养

📝【任务描述】

　　近年来,随着信息技术的飞速发展,小王的工作也越来越依赖于数字化的工具和平台。然而,在应对这些技术变革的过程中,小王逐渐暴露出一些在信息素养方面的不足。例如,在进行市场调研时,小王需要从海量的在线资源中搜集相关信息,但是他缺乏有效的信息获取能力,无法准确快速地定位到所需内容。此外,小王经常需要处理大量的数据,从中提取有价值的信息以支持决策,但是他对信息的处理、利用和传递能力不够,常常感到力不从心。在日常生活和工作中,他应该如何提升自己的信息获取、处理、利用和传递的能力,并实现对自己的信息素养的评估呢?

📑【任务分析】

一、任务目标

　　(1)了解信息素养的概念和信息技术发展历程。
　　(2)掌握信息素养的主要要素:信息意识、信息知识、信息能力和信息道德。
　　(3)通过任务,了解个人在行业内的发展途径和方法,提高个人信息获取、处理、利用和传递能力,掌握信息甄别的方法。
　　(4)填写信息素养自评表,以评估自己的信息素养。

二、需求分析

　　(1)理论需求:理解信息素养的基本概念,掌握信息获取、处理、利用和传递的理论知识。
　　(2)实践需求:具备进行信息获取、处理、利用和传递的实际操作能力,具备批判性思维和信息评价能力。

📖【知识准备】

一、信息素养的基本概念

　　信息素养(Information Literacy)是一种基本能力,它包括个体对信息活动的态度以及对信息的获取、分析、加工、评价、创新、传播等方面的能力。它既是个人能力的一部分,又是一种基础素质,更是适应信息社会的所必备的素质。信息素养是信息社会每个公民必须具备的基本素质,对于个人发展和社会进步都具有重要意义。在当今这个信息爆炸的时代,拥有良好的信息素养可以帮助人们更好地适应信息社会,有效地获取、利用和交流信息,从而提高工作效率和生活质量。信息素养作为能力素养的重要因素之一,已经成为衡量现代人素质的重要标注。

二、信息素养的主要要素

信息素养的主要要素包括信息意识、信息知识、信息能力和信息道德,这四个要素共同构成了信息素养的完整框架,缺一不可,如图 6-1 所示。

1. 信息意识

信息意识是信息素养的前提,它是指人们对信息的认知度、敏感度和掌控度的综合体现。一个具备良好信息意识的人,通常能够敏锐地感知信息的变化,主动地寻求和利用信息,对信息有清晰的需求和准确的判断,同时也能够遵守信息道德和法律规范,保护信息安全和隐私。

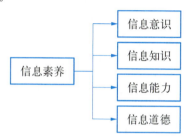

图 6-1   信息素养的主要要素

在信息社会中,信息意识的作用日益凸显。它不仅是人们获取信息、处理和利用信息的前提,更是决定信息质量和价值的关键。缺乏信息意识的人,很难在信息海洋中找到自己需要的信息,更难将信息转化为知识和智慧,从而提升自己的综合素质和竞争力。

2. 信息知识

信息知识是信息素养的基础,它包括与信息有关的理论、知识和方法,是人们在信息活动中所积累的认识和经验的总和。信息知识不仅包括信息的基本概念和性质、信息技术的基本知识还包括现代信息技术知识,如计算机原理、网络技术、多媒体技术、数据库技术等。此外,信息知识还包括与信息相关的法律、伦理和社会问题等方面的知识,如知识产权、信息安全、信息隐私等。

3. 信息能力

信息能力是信息素养的核心,是指人们在获取、处理、利用和传递信息时所具备的技能。信息能力不仅包括使用信息技术工具和软件的能力,还包括对信息的分析、评价、创新和利用等方面的能力。

(1) 信息获取能力:指人们通过各种途径和方法,快速、准确地获取所需信息的能力,包括确定信息需求、选择信息源、制定检索策略、使用检索工具等技能。

(2) 信息处理能力:指人们对获取的信息进行整理、分析、评价和筛选的能力,包括对信息的理解、分类、归纳、比较、综合等操作,以及对信息的可信度、价值、相关性等方面的判断。

(3) 信息利用能力:指人们将处理后的信息应用于实际工作和生活中的能力,包括将信息与自身知识和经验相结合,挖掘信息的潜在价值和意义,以及运用信息解决问题、辅助决策和推动创新发展等方面的技能。

(4) 信息传递能力:指人们能够将信息有效地传递给他人或组织的能力,包括选择合适的传递方式和工具,确保信息的准确性、完整性和及时性,以及与他人或组织进行有效沟通和协作的能力。

4. 信息道德

信息道德则是信息素养的准则,指在信息的采集、加工、存储、传播和利用各个环节中,用来规范各种社会关系的道德意识、道德规范和道德行为的总和。它是调节信息创造者、信息服务者、信息使用者之间相互关系的行为规范,旨在促使社会个体与群体在信息活动中遵循一定的信息伦理与道德准则来规范自身的信息行为。

信息道德作为信息管理的一种手段,与信息政策、信息法律有密切的关系。信息道德是信息社会的产物,它是基于对传统道德规范的继承和发展,并随着信息技术的发展而逐渐演变。在信息社会中,由于信息技术的广泛应用和信息网络的普及,信息道德的作用日益凸显。它不仅是维护信息秩序和保障信息安全的重要手段,也是促进信息交流和资源共享的重要保障。

三、信息伦理与职业行为自律

信息伦理是指涉及信息开发、信息传播、信息管理和利用等方面的伦理要求、伦理准则、伦理规约,以及在此基础上形成的新型的伦理关系。信息伦理的基本内容包括个人信息道德和社会信息道德以及信息道德意识、信息道德关系、信息道德活动三个层面。

职业行为自律是指职业人在从事职业活动时,受职业道德意识、职业道德情感和职业道德意志的支配,自觉地用职业道德规范指导自己的言行,确保自己的思想和行为符合职业道德的要求。

信息伦理与职业行为自律密切相关。在信息社会,随着信息技术的快速发展和广泛应用,信息伦理问题日益突出,如信息泄露、网络欺诈、网络暴力等。这些问题不仅损害了个人和社会的利益,也对职业发展产生了负面影响。因此,职业人员在从事信息相关职业时,需要自觉遵守信息伦理规范,约束自己的职业行为,确保自己的职业行为符合社会公德和职业道德的要求。

具体来说,职业人在信息活动中应该做到以下几点:

(1)尊重知识产权,不盗用他人的劳动成果;

(2)保护用户隐私,不泄露用户的个人信息;

(3)遵守信息安全规范,不制造和传播计算机病毒等恶意软件;

(4)抵制网络欺诈和网络暴力,不参与网络谣言的传播;

(5)积极参与信息社会的公益事业,为社会作出贡献。

总之,信息伦理与职业行为自律是职业人员在信息社会中必须遵守的基本准则。只有自觉遵守这些准则,才能保障个人和社会的利益,并促进职业发展的顺利进行。

【任务实施】

步骤1:提升信息获取能力

(1)明确信息需求:在获取信息前,清晰地定义所需信息类型、范围和目的。记录具体的问题或目标,避免被无关信息干扰。

(2) 学习使用多种信息源:熟悉并掌握不同类型的搜索引擎(如百度、谷歌、必应等)和数据库(如学术数据库、行业报告数据库等)的使用方法。探索社交媒体(如微博、小红书、抖音)、专业论坛和博客等平台,了解如何从中获取行业动态和专家见解。

(3) 掌握搜索技巧:学习关键词的选择技巧,使用长尾关键词来缩小搜索范围,或通过相关词汇来扩大搜索范围。掌握搜索运算符的使用,如 AND、OR 和 NOT 等,以精确地过滤搜索结果。了解并利用高级搜索功能,指定搜索结果的格式、时间范围或来源等。

步骤 2:掌握信息处理能力

(1) 信息整理与分类:对收集到的信息进行筛选,去除重复、无关或低质量的内容。根据信息的性质、来源、重要性等因素进行分类,建立清晰的信息结构。使用电子工具(如文件夹、标签、笔记应用等)对信息进行有序存储,方便日后检索和使用。

(2) 信息分析与综合:对分类后的信息进行深入分析,理解其内在含义、关联性和趋势。学会从不同角度审视信息,挖掘其潜在价值和意义。将分散的信息片段综合起来,形成全面、系统的认识和理解。

(3) 信息评价与批判性思维:培养批判性思维,对收集到的信息进行客观、公正地评价。辨别信息中的事实、观点、假设和偏见,避免被误导或欺骗。学会质疑和反思,不盲目接受或传播未经证实的信息。

步骤 3:提高信息利用能力

(1) 制定信息应用策略:制定具体的信息应用策略或行动计划,确保策略具有可行性和针对性。

(2) 实施监控:将信息应用策略付诸实践,持续监控其效果,根据反馈和结果调整策略,确保信息利用的有效性。

步骤 4:使用信息传递能力

(1) 确定信息传递目标:明确通过信息传递想要达到的目的,确定信息的接收者是谁,以及他们对信息的需求和期望是什么。

(2) 选择适当的信息传递方式:根据信息的性质、紧急程度和接收者的特点,选择最合适的信息传递方式,如口头沟通、书面报告、电子邮件、社交媒体、视频会议等。确保所选方式能够清晰、准确地传达信息,并易于接收者理解和接受。

(3) 组织信息内容:以逻辑清晰、条理分明的方式组织信息内容,确保信息易于理解和记忆。使用简洁明了的语言和图表,避免使用复杂或模糊的表达方式。根据接收者需要,提供必要的背景信息、解释和示例,以帮助他们更好地理解信息。

(4) 实施信息传递:在确定的时间使用选定的方式将信息传递给接收者。确保信息传递过程中没有遗漏或误解,如有需要,必要时进行澄清和确认。

步骤 5:掌握信息甄别方法

(1) 核实信息来源:首先要确认信息的来源是否可靠性。来自权威机构、知名媒体或官方网站的信息通常更为可信。对于来自社交媒体、聊天群或其他非正式渠道的信息,要保持谨慎态度，多方求证。

（2）关注信息内容：仔细阅读信息内容，注意是否存在逻辑错误、夸大其词或故意引导的情况。同时，要警惕只提供部分事实或片面观点的信息，以免被误导。

（3）交叉验证：通过多个渠道获取同一信息，并进行对比和分析。如果多个来源提供的信息一致，那么该信息的可信度就相对较高。如果存在矛盾或不一致的情况，就需要进一步深入调查。

（4）利用搜索引擎：搜索引擎是获取信息和验证信息真伪的重要工具。通过输入关键词，可以快速找到大量相关信息，并进行对比和分析。同时，要注意搜索结果的排名和来源，优先选择排名靠前且来自权威网站的信息。

（5）警惕谣言和虚假信息：谣言和虚假信息往往具有煽动性、夸张性和模糊性等特点。要保持理性思考，不轻易相信未经证实的信息，更不要盲目传播。对于疑似谣言或虚假信息，可以向相关部门或权威机构求证。

（6）培养批判性思维：批判性思维是甄别信息真伪的重要基础。要保持独立思考，不盲目接受他人观点。同时，要学会分析问题、评估证据、推理判断。

步骤6：评估信息素养水平

以下是一个的信息素养自评表（表6-1），可以使用它来评估自己在不同方面的信息素养水平。请根据自己的实际情况，在相应的分数下打钩（√）。

表6-1　信息素养自评表

序号	评 估 项 目	5分	4分	3分	2分	1分
1	能够准确识别自己的信息需求，并准确描述所需信息。					
2	能够使用多种信息源（如搜索引擎、数据库、社交媒体等）来获取信息。					
3	已掌握一些搜索技巧，如使用关键词、布尔运算符等，以提高搜索效率。					
4	能够评估信息的来源和可靠性，判断其是否适用于自己的需求。					
5	了解知识产权和版权的概念，尊重他人的劳动成果，并合法使用信息。					
6	能够整理和存储收集到的信息，以便将来快速查找和使用。					
7	能够将获取的信息应用到实际工作和学习中，从而解决问题或完成任务。					

评分说明：

5分：非常符合，在这个方面表现出色，具有很高的信息素养。

4 分：符合，在这个方面做得不错，但仍有提升空间。

3 分：一般，在这个方面表现一般，需要进一步加强学习和实践。

2 分：不太符合，在这个方面存在明显不足，需要重点关注和改进。

1 分：非常不符合，在这个方面存在很大问题，迫切需要采取措施提升信息素养。

自评总结：

根据上表的评分情况，自评者可以对自己的信息素养进行一个总体评价。

如果自评者在大多数项目上获得了 4 分或 5 分，那么自评者的整体信息素养水平较高。

如果自评者在大多数项目上获得了 2 分或 1 分，那么自评者的信息素养存在明显不足，需要重点关注这些方面并制定提升计划。

【拓展提升】

一、信息技术发展史

信息技术的发展历史是一部不断创新和进步的历史，从最初的语言和文字，到造纸术和印刷术，再到电报、电话、广播和电视，最终发展到现代的计算机和互联网，每一次技术的革新都极大地推动了人类文明的进步。人类历史上经历了五次重要的信息革命，如图 6-2 所示。

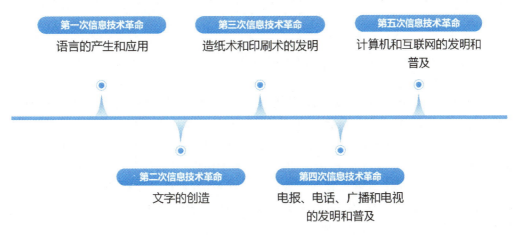

图 6-2　信息技术发展史

1. 第一次信息技术革命——语言的产生和应用

语言的产生使得人们能够用复杂的符号系统表达和交流思想，促进了人与人之间的交流和协作，对人类文明的发展起到了至关重要的作用。

2. 第二次信息技术革命——文字的创造

大约在公元前 3500 年，美索不达米亚的苏美尔人开始使用文字来记录信息，这使得经验和知识可以跨越时间和空间进行传递，极大地促进了知识的积累和传播。

3. 第三次信息技术革命——造纸术和印刷术的发明

造纸术和印刷术技术极大地推动了信息的传播和普及。造纸术使得纸张成为一种廉价且易于获取的信息载体,而印刷术则使得书籍能够大规模地复制和传播。

4. 第四次信息技术革命——电报、电话、广播和电视的发明和普及

电报、电话、广播和电视的出现改变了人们的生活方式和信息传播方式,极大地提高了信息传递的速度和范围,打破了地理隔阂,促进了全球化进程。

5. 第五次信息技术革命——计算机和互联网的发明和普及

计算机和互联网的出现使得人们能够处理大量的数据和信息,使全球范围内的信息交流和共享成为可能。这两项技术的结合,推动了信息技术的飞速发展,催生了众多的新产业和新业态。

这五次信息革命都对人类社会的发展和进步产生了深远的影响,使得信息的获取、处理、传递和利用变得更加便捷和高效。随着技术的不断进步和应用领域的不断拓展,信息技术将继续为人类社会的发展和进步做出巨大的贡献。

二、信息技术企业的兴衰

微课

雅虎的兴衰

雅虎作为全球第一家提供因特网导航服务的网站,曾经是全球互联网行业的佼佼者之一,但由于其管理层的不稳定、战略失误、技术创新滞后以及内部矛盾等问题,最终导致其走向衰落。雅虎的兴衰进程充分反映了互联网行业的瞬息万变和竞争的残酷性。

雅虎成立于 1994 年,是互联网先驱者之一。它最初作为一个目录网站,帮助用户导航和找到其他网站上的内容。随着互联网的爆炸式增长,雅虎迅速成为最受欢迎的起始页和搜索引擎之一。在此基础上,雅虎开始扩展其业务范围,涉足新闻、电子邮件、即时通信、电子商务等多个领域。雅虎邮箱、Yahoo Messenger 等服务在当时拥有庞大的用户群体。随着流量的增加,雅虎成为广告商的重要合作伙伴。其广告收入在很长一段时间内都保持着强劲的增长势头。

2001 年,互联网泡沫破裂,雅虎市值大幅下挫。同时,雅虎经历了多次 CEO 的更迭和管理层的变动,这导致了公司战略的不稳定和执行力的下降。2008 年至 2011 年,雅虎拒绝了微软对其搜索业务的收购提议。2012 年至 2015 年,雅虎经历了一系列安全事件和数据泄露,损害了公司的声誉,用户的信任也遭到破坏。同时,公司的财务状况持续恶化,广告收入大幅下降。随着互联网广告市场的变革,特别是谷歌和 Facebook 等平台的崛起,雅虎的广告收入受到了严重的冲击。这些新兴平台通过更精准的广告定向和更高的用户参与度吸引了广告商的青睐。

在经历了长时间的困境后,雅虎最终决定出售其核心业务。在 2017 年,雅虎的互联网资产被 Verizon 以 48.3 亿美元的价格收购,这一价格远低于其鼎盛时期的市值。2019年,剩余的雅虎资产被整合进一家名为 Altaba 的投资公司,随后 Altaba 宣布清算和解散,将其所持有的阿里巴巴股份全部出售。至此,雅虎作为一家独立公司和互联网品牌的历程画上了句号。

雅虎的兴衰历史与信息技术的发展密切相关。在兴起阶段,雅虎充分利用了信息技术的进步来推动自身的发展和创新。然而,在衰落之际,雅虎未能跟上信息技术的最新趋

势和市场变化,导致其在竞争中逐渐失去优势并最终走向衰落。因此,在信息技术不断发展的今天,企业必须保持敏锐的市场洞察力和持续的技术创新才能立于不败之地。

任务 6.2　信息守卫行动

📑【任务描述】

近年来,随着我国电子商务的迅猛发展,小王舅舅家的网店生意越来越红火。为了扩大生产规模,小王的舅舅准备添置几台计算机,但由于计算机知识的了解有限,又担心无法应对网络空间中的各种安全隐患。舅舅找到小王,希望小王能帮助他维护计算机系统安全和数据安全。

🛡【任务分析】

一、任务目标

(1) 了解信息安全的概念、目标。
(2) 了解常见的信息安全威胁。
(3) 培养识别信息安全风险的能力,提升信息安全意识。
(4) 了解自主可控对于我国信息安全建设的重要性。
(5) 熟练掌握 360 安全卫士等信息安全工具的使用。

二、需求分析

(1) 理论需求:理解信息安全的基本理论。
(2) 实践需求:通过实践操作,提高在实际生活中的信息安全防范能力。

📖【知识准备】

一、信息安全的概念

信息安全是指信息产生、制作、传播、收集、处理、选取等过程中的信息资源安全。ISO(国际标准化组织)给出的定义为:为数据处理系统建立和采用的技术、管理上的安全保护,是保护计算机硬件、软件、数据不因偶然和恶意的原因而遭到破坏、更改和泄漏。

二、信息安全的目标

所有的信息安全技术都是为了达到一定的安全目标,其核心包括保密性、完整性、可用性、可控性和不可否认性五个安全目标。

（1）保密性（Confidentiality）是指阻止非授权的主体阅读信息，这是信息安全自诞生就具有的特性，也是信息安全主要的研究内容之一。通俗地讲，就是说未授权的用户无法获取敏感信息。对纸质文档信息，只需要保护好文件，不被非授权者接触即可。而对计算机及网络环境中的信息，不仅要防止非授权者对信息的阅读，也要防止授权者将其访问的信息传递给非授权者，以致信息被泄露。

（2）完整性（Integrity）是指防止信息在未经授权的情况下被篡改，其目的是保护信息保持原始的状态，确保信息的真实性。如果这些信息被蓄意地修改、插入、删除等，就会形成虚假信息，从而造成严重的后果。

（3）可用性（Availability）是指授权主体在需要信息时能及时得到服务的能力。可用性是在信息安全保护阶段对信息安全提出的新要求，也是在网络化空间中必须满足的一项信息安全要求。

（4）可控性（Controllability）是指对信息和信息系统实施安全监控管理，防止非法利用信息和信息系统。

（5）不可否认性（Non-repudiation）是指在网络环境中，信息交换的双方不能否认其在交换过程中发送信息或接收信息的行为。

信息安全的保密性、完整性和可用性主要强调对非授权主体的控制。而对于控制授权主体的不正当行为而言，信息安全的可控性和不可否认性恰恰是通过对授权主体的控制，实现对保密性、完整性和可用性的有效补充，主要强调授权用户只能在授权范围内进行合法的访问，并对其行为进行监督和审查。

三、与信息安全相关的法律法规

在信息领域，仅仅依靠信息伦理并不能完全解决问题，还需要强有力的法律法规做支撑。因此，与信息伦理相关的法律法规显得十分重要。有关的法律法规与国家强制力的威慑，不仅可以有效打击在信息领域造成严重后果的行为者，还可以为信息伦理的顺利实施构建较好的外部环境。

随着计算机技术和互联网技术的发展与普及，我国为了更好地保护信息安全，培养公众正确的信息伦理道德，陆续制定了一系列法律法规，用以制约和规范对信息的使用行为，阻止有损信息安全的事件发生。

在法律层面上，我国于1997年修订的《中华人民共和国刑法》中首次界定了计算机犯罪。其中，第二百八十五条规定的非法侵入计算机信息系统罪，第二百八十六条规定的破坏计算机信息系统罪，第二百八十七条关于利用计算机实施犯罪的提示性规定等，能够有效确保信息的正确使用并解决相关安全问题。

在政策法规层面上，我国颁布了一系列法规文件，例如《中华人民共和国网络安全法》《互联网信息服务管理办法》《计算机信息网络国际联网安全保护管理办法》《中华人民共和国计算机信息系统安全保护条例》等，这些法规文件都明确规定了信息的使用方式，使信息安全可以得到有效保障，也能在公众当中形成良好的信息伦理。

拓展阅读

《中华人民共和国刑法》中用于界定计算机犯罪的相关条款

208

四、与信息安全有关的违法违规行为

在信息时代,网络空间不是法外之地,也不是敛财工具,这是法治社会不可逾越的底线。以下常见与信息安全有关的违法违规行为,根据行为的情节及严重程度的不同,需要承担相应的民事、行政、刑事责任:

1. 泄露国家和单位机密

现代社会,企业的关键信息可产生极大的经济影响或经济效益,非法获取、披露、使用企业的商业机密,也属于违法行为。信息安全对国家安全的影响更大,比如,未经批准进行科技、经济、军事、地理等情况的搜集,盗取军事机密和情报,泄露、买卖国家秘密都会受到法律的制裁。特别是泄露国家机密,会使国家的安全和利益遭受特别严重的损害,同时受到法律的制裁也更加严厉。

2. 制造、传播计算机病毒

制造、传播、买卖计算机病毒,通过病毒破坏或影响计算机系统、网络系统正常工作,窃取个人数据和信息也属于违法行为。

3. 非法入侵计算机或网络

非法入侵个人、企业、国家机关的计算机或网络,查看、复制、获取相关信息,删除、破坏重要文件或程序的人员,需要受到一定处罚。早在 2011 年,最高人民法院和最高人民检察院联合发布了《关于办理危害计算机信息系统安全刑事案件应用法律若干问题的解释》,对一些常见的入侵计算机行为进行了明确的界定。

4. 电信诈骗

常见的电信诈骗形式有冒充熟人或领导、利用高额回报、低价销售、虚构中奖信息等。骗子也在开动头脑更新诈骗手段,我们必须时刻保持警惕,以应对不断变化的诈骗方式。

5. 未经授权复制、买卖他人软件作品

随着计算机技术的发展,知识产权越来越被重视,软件作品、音视频作品与文字作品等均受到法律保护,未经授权进行使用、复制、买卖都是违法行为。常见的违反知识产权法的行为还有侵犯专利权、著作权、商标权等。

6. 非法获取及买卖个人信息

《中华人民共和国刑法修正案(九)》将《中华人民共和国刑法》第二百五十三条之一修改为:"违反国家有关规定,向他人出售或者提供公民个人信息,情节严重的,处三年以下有期徒刑或者拘役,并处或者单处罚金;情节特别严重的,处三年以上七年以下有期徒刑,并处罚金。"

7. 泄露他人隐私

个人隐私是受到法律保护的,未经他人同意,通过窃听、窃照或其他方式侵犯他人隐私的行为是违法的。根据《中华人民共和国治安管理处罚法》第四十二条的规定:"偷窥、偷拍、窃听、散布他人隐私的,处五日以下拘留或者五百元以下罚款;情节较重的,处五日以上十日以下拘留,可以并处五百元以下罚款。"

8. 散布谣言

一些人认为网络是匿名的,可以逃避法律责任,因此发布虚假信息,以此博人眼球,这样的案例比比皆是。但是,网络世界也是有法律底线的,在网络中也要对自己的言行负

责,严守法律底线。

9. 制作或传播有害信息

在网络中,虽然获取信息的方式众多,然而制作、传播、买卖有害信息是违法的。比如,制作和传播淫秽、暴力恐怖等非法音视频,以及境外人员、媒体、电台通过网络造谣、传播煽动信息等行为。面对来历不明的信息要学会甄别,做到不轻信、不传递。

正因为信息安全越来越重要,所以国家出台了众多的法律法规。人们在受到侵害时,要用法律的武器保护自己;同时,也要自觉遵守法律法规,不要误以为网络空间可以随意行事,网络不是法外之地,在网络中我们既享受言论自由,也需尊重事实,对自己的言行负责。任何触碰法律红线的行为必然要受到法律的制裁。

五、信息安全意识

养成良好的个人信息安全意识和习惯,可有效地避免由于信息泄露带来的安全隐患。

1. 密码使用习惯

要善于通过密码来保护文件、设备、系统以及各种 App 的安全,如图 6-3 所示。

图 6-3 安全使用密码

2. 使用防护软件

无论是手机还是计算机,首次使用时就应该安装相应的防护软件、杀毒软件,并定期进行病毒库更新、漏洞修复、安全扫描等。

3. 保持警惕之心

在使用移动终端设备时,对来历不明的邮件和短信链接等不要轻易点击;谨慎使用公共场合的 Wi-Fi 热点,避免在连接公共 Wi-Fi 的情况下进行网络购物和网银的操作;通过网络查询信息要到官方网站或官方渠道,警惕不法分子通过伪装基站、克隆官网、伪装银行工作人员等进行非法活动。

4. 保护关键信息

个人的关键信息安全防护可遵循"一注意三不晒"的防护小技巧,见表 6-2。

表 6-2　一注意三不晒

序　号	项　目	内　容
1	注意	对图片中可能泄露信息的内容打马赛克
2	不晒家庭信息	住址、孩子、老人的照片,车牌,证件,车票等
3	不晒工作信息	单位名称、同事姓名、日程安排等
4	不晒位置信息	取消定位显示功能

对于企业来说,关键信息的保护更为重要,一旦泄露可能会造成难以挽回的损失,如企业的工作计划、发展方案、投标方案、客户信息、财务状况、程序代码、工艺配方、工艺流程、制作方法等,都是企业的商业机密,受到法律的保护,不能在网络上公开,不能私自提供给第三方,更不能私自买卖。

5. 保护重要数据

对于重要数据的保护,一是要予以加密保存;二是要进行备份,以防丢失;三是要做好个人信息系统的防护,避免被人通过网络窃取或者盗用计算机数据;四是做好物品保管,防止计算机或硬盘、手机被盗或遗失,从而造成信息泄露。

保护信息安全,首先要重视规则,包括国家层面的法律法规,在企业单位层面的规章制度,个人层面的习惯和意识。其次,需要技术的支撑,主要指各种防护措施和防护软件的应用,同时技术需要与时俱进,软件也需要不断更新。

【任务实施】

小王通过为计算机设置密码,安装防护软件,修复系统漏洞,备份数据,增强了计算机系统的防护能力,提高计算机系统的安全性,保障了数据安全。

关于防护软件的选择,使用 360 安全卫士是一种比较常见的方法。360 安全卫士是中国知名的互联网安全公司之一——奇虎 360 公司推出的安全杀毒软件,具有使用方便、应用全面、功能强大等特点,是较为常用的保护计算机的工具软件之一。

步骤 1:安装 360 安全卫士

登录 360 官网(http://360.cn)下载软件并安装,双击桌面的"360 安全卫士"图标,即可进入其操作界面,如图 6-4 所示。

步骤 2:对计算机进行体检

利用 360 安全卫士对计算机进行体检,实际上是对计算机进行全面的扫描,让用户了解计算机当前的使用状况,并提供安全维护方面的建议,其具体操作如下:

图 6 - 4　360 安全卫士操作界面

（1）在 360 安全卫士主界面中选择"我的电脑"选项卡，将显示当前计算机的体检状态，单击"立即体检"按钮，对计算机进行扫描体检，并动态显示体检进度与检测结果，如图 6 - 5 所示。

图 6 - 5　一键修复

（2）扫描完成后单击"一键修复"按钮，360安全卫士将自动修复计算机中存在的问题，修复完成后如图6-6所示，在界面中显示修复信息，单击"完成"按钮即可完成修复。

图6-6   修复完成

通常情况下，对计算机进行系统检查的目的是检测计算机中是否有漏洞、是否需要安装补丁或是否存在系统垃圾。若体检分数没有达到100分，"一键修复"后体检分数仍不足100分的情况下，则可浏览界面中的"系统强化"和"安全项目"等内容，根据提示信息手动进行修复。若只是提示软件更新或IE浏览器主页未锁定等信息，则不需要特别在意，因为其对计算机的运行并无影响。

步骤3：木马查杀

360安全卫士提供了木马查杀功能，使用该功能可对计算机进行扫描并查杀木马文件，实时保护计算机，其具体操作如下：

（1）启动360安全卫士，选择主界面中的"木马查杀"选项卡，单击快速按钮，对计算机进行扫描，如图6-7所示。

（2）扫描完成后将显示扫描结果，如图6-8所示。如有可能存在风险的项目将会被罗列出来，单击"一键处理"按钮处理安全威胁，处理完成后需要进行重启计算机操作，计算机重启后才算彻底处理完成。

图 6-7　快速查杀

图 6-8　扫描完成

　　提示在"木马查杀"界面底部单击"全盘查杀"按钮，可对整块硬盘进行木马查杀；单击"按位置查杀"按钮，可指定位置进行木马查杀。

步骤 4：清理系统垃圾与痕迹

计算机在运行过程中可能会残留一些无用文件以及在浏览网页时产生的垃圾文件，此外，网页搜索历史记录和注册表单等痕迹信息也会给系统增加负担。使用 360 安全卫士可清理这些系统垃圾与痕迹信息，其具体操作如下：

（1）启动 360 安全卫士，选择主界面中的"电脑清理"选项卡，单击"一键清理"按钮，对计算机进行扫描，如图 6-9 所示。

图 6-9　一键清理

（2）扫描完成后软件将自动选择删除后对系统或文件没有影响的项目，如图 6-10 所示。此时，用户也可单击未选中的项目下方的"详情"按钮查看详情。

（3）单击"一键清理"按钮，清理完成。如图 6-11 所示。单击"完成"按钮，返回"电脑清理"界面。

打开"电脑清理"界面，在右下角单击"自动清理"按钮，启用自动清理功能，用户需设置自动清理周期。单击"经典版清理"按钮，可打开 360 安全卫士的经典版清理界面；在经典版清理界面中信息显示效果更直观。在"电脑清理"界面底部，可单击"清理垃圾""清理插件""清理痕迹""清理软件"按钮进行专项清理。

步骤 5：修复系统漏洞

360 安全卫士的系统修复功能主要用于检测并修复系统漏洞，防止恶意用户将病毒

图 6-10　垃圾与痕迹扫描结果

图 6-11　清理完成

或木马植入并窃取计算机中的重要资料;或者破坏系统,使计算机无法正常运行。修复系统漏洞的具体操作如下:

（1）选择主界面中的"系统修复"选项卡,进入系统修复界面,如图 6-12 所示。

图 6‑12　系统修复界面

（2）单击"一键修复"按钮，系统将自动开始扫描当前计算机是否存在漏洞，并将扫描结果显示在当前界面中，如图 6‑13 所示。

图 6‑13　修复项目扫描结果

（3）单击"一键修复"按钮，360 安全卫士将自动对漏洞进行修复，如图 6‑14 所示。单击"完成"按钮，返回"系统修复"界面。

图 6‑14　修复完成

📋【拓展提升】

一、信息安全的保障——自主可控

党的十八大提出"要高度关注网络空间安全"。之后有关部门成立了中央网络安全和信息化领导小组，这标志着我国网络空间安全国家战略已经确立。习近平总书记指出："没有网络安全就没有国家安全，没有信息化就没有现代化。"这是在新的历史时期我国信息领域工作的指导方针。当下，网络空间已成为国家继陆、海、空、天之后的第五疆域，与其他疆域一样，网络空间也需体现国家主权，保障网络空间安全也就是保障国家主权。

相较于传统安全，在选取技术、产品和服务等方面，主要依据性价比。然而对于网络安全、信息安全而言，由于存在着攻防两方，所以信息关键核心技术设备和服务的选取首先考量的是能否自主可控，这一要求往往比性价比更为关键。可以说，自主可控是保障网络安全、信息安全的前提。能自主可控意味着信息安全便于治理，产品和服务通常不存在恶意后门，且能够持续改进或修补漏洞；反之，若不能自主可控就意味着其具有"他控性"，就会受制于人，其后果是：信息安全难以治理、产品和服务通常存在恶意后门并难以持续改进或修补漏洞。

自主可控是我国信息化建设的关键环节,是保护信息安全的重要目标之一,在信息安全领域意义重大。

二、信息安全等级保护

《信息安全等级保护管理办法》规定:国家信息安全等级保护遵循自主定级、自主保护的原则。信息系统的安全保护等级应当根据信息系统在国家安全、经济建设、社会生活中的重要程度,信息系统遭到破坏后对国家安全、社会秩序、公共利益以及公民、法人和其他组织的合法权益的危害程度等因素确定。

信息系统的安全保护等级分为以下五级,一至五级等级逐级增高,如表 6-3 所示。

表 6-3　信息安全等级保护

级别	名　称	内　　容
第一级	自主保护级	当信息系统受到破坏后,会对公民、法人和其他组织的合法权益造成损害,但不损害国家安全、社会秩序和公共利益。第一级信息系统运营、使用单位应当依据国家有关管理规范和技术标准进行保护。
第二级	指导保护级	信息系统受到破坏后,会对公民、法人和其他组织的合法权益产生严重损害,或者对社会秩序和公共利益造成损害,但不损害国家安全。国家信息安全监管部门对该级信息系统安全等级保护工作进行指导。
第三级	监督保护级	信息系统受到破坏后,会对社会秩序和公共利益造成严重损害,或者对国家安全造成损害。国家信息安全监管部门对该级信息系统安全等级保护工作进行监督、检查。
第四级	强制保护级	信息系统受到破坏后,会对社会秩序和公共利益造成特别严重损害,或者对国家安全造成严重损害。国家信息安全监管部门对该级信息系统安全等级保护工作进行强制监督、检查。
第五级	专控保护级别	信息系统受到破坏后,会对国家安全造成特别严重损害。国家信息安全监管部门对该级信息系统安全等级保护工作进行专门监督、检查。

习题 6

一、填空题

1. 信息素养的主要要素包括_____、_____、_____和_____。

2. 信息能力是信息素养的核心，是指人们在_____、_____、_____和_____信息时所具备的技能。

3. 信息安全的目标包括_____、_____、_____、_____和_____五个安全目标。

二、选择题

1. 人类历史上经历了(　　)次重要的信息革命。

A. 三　　　　　　　B. 四　　　　　　　C. 五　　　　　　　D. 六

2. 下列选项中哪一项不是职业人在信息活动中应该做的(　　)？

A. 遵守信息安全规范，不制造和传播计算机病毒等恶意软件

B. 保护用户隐私，不泄露用户的个人信息

C. 抵制网络欺诈和网络暴力，不参与网络谣言的传播

D. 因工作需要，盗用他人的劳动成果

3. 下列选项中哪些属于良好的个人信息安全意识和习惯(　　)？

A. 密码使用习惯　　B. 使用防护软件　　C. 保护重要数据　　D. 以上都是

4. 信息系统的安全保护等级分为(　　)级。

A. 三　　　　　　　B. 四　　　　　　　C. 五　　　　　　　D. 六

三、简答题

1. 简述信息素养的概念。

2. 简述信息伦理的概念。

3. 简述信息安全的概念。

4. 简述信息技术的"自主可控"对我国国家安全的意义，列举我国拥有知识产权的信息技术软硬件技术或产品。

项目七　　**AI 工具**

学习导读

在科技飞速发展的今天,人工智能(Artificial Intelligence,AI)已经成为推动社会进步的重要力量。AI 工具,作为人工智能技术的具体应用,已经渗透到人们生活的方方面面,极大地提高了工作效率、丰富了人类的生活体验。

AI 工具是指利用人工智能技术,通过模仿、延伸和扩展人的智能行为,完成特定任务的软件或系统。这些工具能够通过学习和自我优化,不断提高其性能和效率,从而更好地服务于人类。

本单元主要介绍讯飞星火认知大模型中写作助手和绘画大师。讯飞星火写作助手是由科大讯飞推出的一款集智能写作、文本编辑、灵感激发于一体的辅助写作软件。它不仅拥有强大的自然语言处理能力,还能够根据用户的写作习惯和风格,提供个性化的写作建议和修改方案。讯飞星火绘画大师是一款基于人工智能技术的绘画软件,它集成了多种先进的算法和技术,旨在为用户提供一个智能化、高效化、个性化的艺术创作平台。

学习目标

知识目标:
◇ 理解 AI 的基本概念。
◇ 理解讯飞星火认知大模型的基本概念。
◇ 了解讯飞星火认知大模型的应用,如讯飞星火写作助手和绘画大师。

技能目标:
◇ 掌握讯飞星火写作助手的智能纠错与润色、文本生成与补全、文本摘要与概括、多语言翻译与改写等操作。
◇ 掌握讯飞星火绘画大师的智能绘制、色彩搭配与调整、人物肖像生成等操作。

素质目标:
◇ 培养学生承担企业社会责任,通过科技力量促进各行业领域的发展,为社会进步作出贡献。

◇　鼓励学生创新思维并付诸实践,不断探索新的解决方案和商业模式,以适应不断变化的市场需求。

◇　鼓励学生参与社会实践活动,提升学生的社会适应能力和解决实际问题的能力。

◇　在课程中强调国家意识和民族精神,培养学生的爱国情怀和社会责任感。

任务 7.1　使用 AI 工具完成实习总结

【任务描述】

小王在某文化公司的实习即将结束,实习指导老师要求他根据自己实习期间的工作情况,写一份实习总结,按要求排版并转发给他。小王将使用讯飞星火写作助手来完成此任务。

【任务分析】

一、任务目标

通过讯飞星火智能生成写作思路,结合自己实习期间的工作,整理出写作的主要关键词或主题,讯飞星火写作助手根据小王提供的关键词或主题,自动生成相关内容后,小王对文本内容进行改写,最终完成任务。

二、需求分析

(1)自动生成写作思路。
(2)收集主要关键词或主题。
(3)生成实习总结。

三、注意事项

(1)确保收集的主要关键词或主题符合自己的要求。
(2)不要有重复关键字。
(3)文字表述尽量简明有概括性。

【知识准备】

一、AI 发展史

AI,即人工智能,属于计算机科学领域,它致力于通过计算机程序和系统实现类似人类的认知功能。人工智能(AI)的概念最早是在 1956 年的美国达特茅斯会议上被提出,由约翰·麦卡锡、马文·明斯基等科学家共同提出。这次会议的主题是如何用机器模拟人的智能,它标志着人工智能学科的正式诞生。

人工智能的思想萌芽可以追溯到 17 世纪,当时巴斯卡和莱布尼茨对于计算和认知的思考为后来的人工智能研究提供了哲学基础。20 世纪 40 年代,图灵提出了"图灵测试",这是评估计算机是否具有人类水平智能的一个标准。1956 年至 20 世纪 60 年代初,人工智能取得了一系列突破性成果,如机器定理证明、跳棋程序等,这一时期被称为人工智能的第一个高潮。20 世纪 60 年代至 70 年代初,由于期望过高而实际进展缓慢,人工智能遭遇了第一次发展低谷。这个时期暴露出了自然语言理解、机器翻译、常识推理等领域的挑战。20 世纪 70 年代初至 80 年代中期,专家系统出现并成功应用于医疗、化学、地质等领域,推动了人工智能走向实用化。总的来说,人工智能的发展经历了多个阶段,从最初的概念提出到实际应用,再到现在的深度学习和神经网络技术,AI 技术不断进步,其理论和实践也在不断深化和完善。

二、AI 的应用

(1)技术基础:AI 技术包括机器学习、深度学习、自然语言处理等多个子领域,这些技术使计算机能够处理和分析大量信息,并从中学习和做出决策。

(2)任务处理:AI 系统能够执行各种复杂任务,如语音识别、图像识别、自动驾驶、智能推荐等,这些任务通常需要复杂的算法和数据处理能力。

(3)科技革命:AI 被视为新一轮科技革命和产业变革的重要驱动力,它正在改变各行各业的工作方式,提高效率,创造新的商业模式和服务模式。

(4)研究与发展:AI 是一个不断发展的领域,研究人员致力于开发新理论、新方法和技术,以模拟、延伸和扩展人类的智能。

(5)应用系统:AI 并非局限于理论研究,还包括广泛的应用系统。这些系统被设计来解决实际问题,如医疗诊断、金融分析、智能家居控制等。

总的来说,AI 是一个多学科交叉的领域,它融合了计算机科学、数学、心理学、语言学等多个学科的知识,以创造出能够模仿人类智能行为的系统。随着技术的进步,AI 的能力和应用范围预计将持续拓展,对社会和经济产生深远影响。

三、讯飞星火认知大模型

讯飞星火认知大模型是由中国科大讯飞公司研发的一款人工智能语言模型。随着人工智能技术的不断发展,传统的基于规则和模板的自然语言处理技术已经无法满足日益增长的需求,需要一种更加智能化、自动化的技术来处理复杂的自然语言任务。

讯飞星火认知大模型的核心技术是基于深度学习的自然语言处理技术,包括预训练模型、微调模型和多模态融合等。预训练模型是指通过大规模无标签数据进行无监督学习,以获得通用的语言表示;微调模型则在预训练模型的基础上,利用有标签数据进行有监督学习,使得模型能够适应特定任务;多模态融合技术通过将不同模态的信息(如文本、图像、语音等)进行融合,以提高模型的性能。

讯飞星火认知大模型在应用场景方面非常广泛,包括但不限于智能问答、机器翻译、文本生成、情感分析、命名实体识别等。在这些场景中,讯飞星火认知大模型都能够提供高效、准确的服务,大大提高了工作效率和用户体验。

在人工智能领域中,讯飞星火认知大模型的作用和意义主要体现在以下几个方面:

（1）推动自然语言处理技术的发展:讯飞星火认知大模型采用了先进的深度学习技术,能够更好地理解和处理复杂的自然语言任务,为自然语言处理领域提供了新的思路和方法。

（2）提高人工智能应用的效率和准确性:讯飞星火认知大模型能够在多个应用场景中提供高效、准确的服务,大大提高了人工智能应用的效率和准确性。

（3）促进人工智能技术的普及和应用:讯飞星火认知大模型的出现,使得人工智能技术更加易于使用和应用,促进了人工智能技术的普及和应用。

总之,讯飞星火认知大模型作为一款先进的人工智能语言模型,不仅在技术上具有创新性和领先性,而且在应用场景中也具有广泛性和实用性,对于推动人工智能领域的发展和应用具有重要意义。

四、讯飞星火写作助手

讯飞星火写作助手是一款基于人工智能技术的写作辅助工具,旨在助力用户提高写作效率和质量。其生成文章的原理主要基于以下几个方面:

（1）大数据语料库:讯飞星火写作助手依托于庞大的数据语料库,这些语料库包含了各种类型的文本,如新闻、小说、论文等。通过对这些文本的学习,讯飞星火能够理解各种语境和表达方式。

（2）自然语言处理技术:讯飞星火写作助手运用先进的自然语言处理技术,对输入的关键词或主题进行分析,理解其语义和语境。然后,根据分析结果,生成与主题相关的内容。

（3）智能匹配与生成:在生成文章时,讯飞星火会根据用户输入的关键词或主题,从语料库中选取与之相关的片段,并进行智能匹配和组合。同时,它还会根据上下文进行适当的调整,使生成的文章更加流畅和连贯。

（4）深度学习算法:讯飞星火写作助手还采用了深度学习算法,通过大量的训练数据不断提高其生成文章的准确性和可读性。

（5）用户反馈与优化:讯飞星火会根据用户的反馈不断优化其算法和模型,以提高生成文章的质量和满足不同用户的需求。

总的来说,讯飞星火写作助手通过融合大数据语料库、自然语言处理技术、智能匹配与生成以及深度学习算法等技术手段,实现了高效、准确地生成文章的功能。

操作视频

生成实习
总结

【任务实施】

步骤 1:打开并添加写作助手

在浏览器中打开讯飞星火认知大模型主页,选择"免费登录"使用手机号码或者微信扫码注册。如图 7-1、图 7-2 所示。

图 7-1　打开讯飞星火认知大模型主页

图 7-2　讯飞星火认知大模型登录注册页面

步骤 2：自动生成写作思路

（1）注册完成后，在主页对话页面中，输入"给我一份 IT 部门实习总结的写作思路"指令，并选择指令优化，如不满意可以继续优化。如图 7-3 所示。

（2）指令优化完毕，点击"发送"，智能生成写作思路，根据生成的写作思路进行调整，指导文章生成，如图 7-4 所示。

图 7-3　优化指令生成写作思路

图 7-4　智能生成写作思路

步骤 3：生成文章

1. 添加"写作助手"

在主页上选择工作台中的"文稿写作助手"，点击"开始对话"后，讯飞星火会将"写作助手"自动添加到助手列表中。下次使用无须重新选择，可直接在助手列表中使用。如图 7-5 所示。

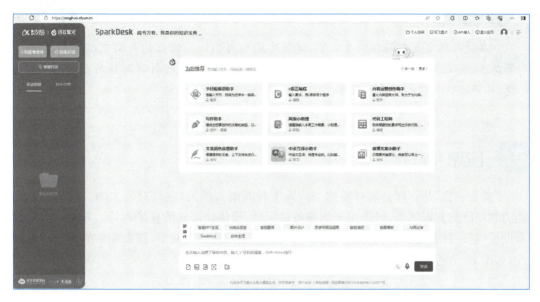

图 7 - 5 添加"写作助手"页面

2. 生成文章

（1）输入主题和关键字指令，点击"发送"后，文章会自动生成，如果文章生成不满意，可使用"停止输出"指令进行停止。文章生成结束后，重新调整主题或关键字后，再次"发送"指令，生成新的文章，如图 7 - 6 所示。

图 7 - 6 生成文章

（2）文章生成后，点击右下 ▶ 按钮，系统会将文章进行朗读；点击右下 ▤ 按钮，文章即可复制成功。

小 贴 士

在使用讯飞星火写作助手之前,建议先明确自己的写作目的和需求,例如撰写一篇博客、论文或者商业计划书等。这样可以帮助您更有效地利用写作助手的相关功能,从而提升写作的质量和效率。

【拓展提升】

"文心一言"是百度公司开发的一款人工智能语言模型,它具有强大的自然语言处理能力和广泛的知识储备,可以用于回答各种问题、提供建议和信息推荐等。其中,"文章改写助手"是一种智能工具,它能够帮助用户快速、高效地改写文章,提高文章的质量和可读性,如图 7－7 所示。

图 7－7　文心一言文章改写助手

以下是文章改写助手的主要功能:

（1）词汇替换:改写助手可以自动替换文章中的同义词或近义词,增加文章的丰富性和多样性。

（2）句式变换:改写助手可以调整文章的句式结构,如主动句变为被动句,简单句变为复合句等,使文章更具表达力。

（3）段落重组:改写助手还可以对文章的段落进行重新组织和调整,使文章更加清晰、有条理。

（4）语法检查:改写助手还可以对文章进行语法检查,纠正文章中的语法错误,提高文章的语言准确性。

（5）风格调整：改写助手可以根据用户的需求，调整文章的风格和语气，如正式、非正式、幽默、严肃等，以满足多种场合和不同读者的需求。

任务 7.2　使用 AI 工具制作文旅推广图片及视频

【任务描述】

小王就职于某文化公司，其公司所在地区具有丰富的山水资源、红色资源和古迹资源，为推广宣传当地的文旅文化，深入推动文化和旅游融合发展，繁荣文化事业和文化产业，公司要求小王制作一组宣传图片和视频，对当地特色进行全方位宣传，助力文旅产业持续快速发展。

【任务分析】

一、任务目标

制作一组反映地区文旅特色的宣传图片和视频，以便对当地的文旅文化进行宣传推广。

二、需求分析

（1）确定需要图片及视频的关键词或主题。
（2）制作图片和视频时，注意内容贴合主题，形式创新有吸引力。
（3）满足宣传推广的个性化需求。

【知识准备】

一、AI 进行图片和视频处理的原理

AI 自动生成图片的原理主要基于机器学习中的生成模型，这些模型通过对大量真实的图片数据的学习来理解、认识和学习图像的特点，然后根据所学到的特征，自行生成新的图片。首先，AI 生成图片的过程中涉及的关键技术包括自动编解码器，它由编码器和解码器两部分组成。编码器负责将输入的图片压缩成低维度的数据表示，而解码器则将这些低维度的数据重新扩展成高维度的图片。其次，在生成过程中，AI 系统会使用特定的算法，如 Diffusion Model，通过逐步添加噪声并学习如何去除这些噪声的方式来生成图片。这种方法允许模型逐渐学习数据分布，并最终生成与训练数据相似的新图像。最后，为了控制 AI 生成特定内容的图片，模型需要理解描述性文本或用户的意

图。通常涉及自然语言处理技术,使 AI 能够理解用户期望其生成的内容,并给出相应的结果。

AI 自动生成和编辑视频的原理主要基于人工智能技术中的机器学习和深度学习算法,通过这些算法对大量的数据进行分析和学习,进而能够理解视频内容并执行相应的编辑任务。具体如下:数据输入:AI 系统首先需要接收输入数据,这些数据涵盖文本、图像或视频等多种形式。例如,一个 AI 视频生成模型可能会根据用户输入的文本描述来生成视频内容。特征提取:AI 系统会通过深度学习模型提取输入数据的关键特征。在视频生成中,这可能包括识别文本中的关键词汇、图像的主要元素或视频的重要场景。内容生成:基于提取的特征,AI 系统会利用训练好的模型来生成新的视频内容。这个过程可能涉及到将文本转换为视觉场景、合成图像或视频片段,或者根据已有的视频素材创建新的剪辑。视频压缩网络:在某些情况下,AI 模型可能会使用视频压缩网络将输入的图片或视频压缩成低维度表示形式,以便更有效地处理和生成视频内容。空间时间补丁:AI 模型还会通过空间时间补丁将视频内容分解为基本构成部分,这样可以在生成过程中对每个部分进行精细控制。质量优化:生成的视频会经过一系列的质量优化步骤,以确保输出的视频具有较高的保真度和视觉效果。这可能包括提高分辨率、增强色彩和对比度、平滑运动等。输出结果:最终,AI 系统会输出一个完整的、符合用户需求的视频文件。这个视频可以是一个全新的创作,也可以是对现有视频的编辑和改进。

二、讯飞星火大模型自动生成图片的原理

讯飞星火作为一个多模态输出模型,它能够支持从文本直接生成图片。这个过程涉及到了讯飞自研的自然语言处理大模型和深度学习技术,这些技术使得模型能够根据用户输入的文字内容,生成符合语义描述的不同风格的图像,且结果自然、细节丰富。具体来说,当用户向大模型发送一则文本请求时,大模型会根据请求中的文本描述,通过内部算法对其进行处理和理解。编码器将文本描述转化为一个高维的语义空间,这个空间能够捕捉到描述中的关键信息和语义关系。然后,解码器将这些高维的语义信息映射到图像空间,逐步生成细节丰富的图像。在生成过程中,模型还会考虑图像的色彩、结构、纹理等视觉要素,以确保结果的自然和准确。最终,模型通过理解文本中的关键信息和用户的意图,生成与描述相匹配的图像。例如,如果用户描述"一幅带有山水背景的徽派建筑图片",模型则需要理解"山水""徽派"和"建筑"等关键词,并在生成的图片中体现出这些元素。

讯飞星火大模型是基于深度学习自动生成和处理视频的模型。它采用了深度学习的技术架构,主要包括卷积神经网络(CNN)、循环神经网络(RNN)和生成对抗网络(GAN)。这些网络结构可以对大量的图像、视频数据进行学习和分析,从而理解视频内容的语义信息。讯飞星火大模型的算法流程主要包括:① 数据预处理:对输入的视频数据进行预处理,包括视频帧提取、图像缩放、颜色空间转换等操作,以便于后续的深度学习网络进行处理。② 特征提取:利用卷积神经网络(CNN)对预处理后的视频帧进行特征提取,得到每帧图像的特征表示。③ 时序建模:通过循环神经网络(RNN)对提取到的特征进行时序建模,捕捉视频中的运动信息和时间关系。④ 内容生成:根据输入的条件(如

文本描述、目标场景等),利用生成对抗网络(GAN)生成符合要求的视频内容。⑤ 视频合成:将生成的视频帧合成为完整的视频序列,并进行后期处理,如去噪、平滑等,以提高视频质量。

三、讯飞星火大模型具备的有关图片和视频的功能

讯飞星火认知大模型及讯飞智作可以实现多项与图片和视频相关的功能,有关图片的功能主要包括:

(1)图片描述生成:根据输入的图片,模型可以生成相应的描述文本,以帮助用户更好地理解图片内容。

(2)图片问答:对于给定的图片,模型可以理解并回答有关该图片的问题。

(3)图片分类与标注:模型可以识别图片中的物体、场景和活动,并将其归类到预定义的类别中,例如动物、植物、建筑物等。

(4)图片生成:利用生成对抗网络(GAN)等技术,模型可以根据文本描述生成符合要求的图片,如将文本描述的场景转化为相应的图像。

(5)风格迁移:模型可以将一种图像的风格应用到另一种图像上,例如将现代照片转换为复古风格或油画风格。

有关视频的功能主要包括:

(1)视频内容分析:自动识别并分析视频内容,检测和标注物体、场景、人物、动作等元素。

(2)视频字幕生成:通过语音识别技术,将视频中的语音对话转换为文字字幕。

(3)视频翻译:对视频中的对话或文本进行语言翻译,支持多语种转换。

(4)视频摘要与剪辑:根据视频内容的重要程度,自动生成视频摘要或辅助用户进行视频剪辑。

(5)情感分析:分析视频中人物的语音、面部表情和肢体语言,判断其情感状态。

(6)视频分类与标签:根据视频内容自动分类并打上相关标签,方便检索和推荐。

(7)视频质量评估:自动评估视频的清晰度、流畅度等指标。

(8)智能封面生成:根据视频内容,自动选取最具代表性的帧作为视频封面。

(9)互动视频生成:根据用户的反馈和互动,动态调整视频内容的呈现方式。

【任务实施】

●操作视频

生成文旅
宣传图片

步骤 1:生成文旅宣传图片

1. 打开讯飞星火认知大模型

在浏览器中打开讯飞星火主页,如图 7-8 所示。主页的下方会出现一个对话框。

2. 输入关键词或主题

经过对当地文旅资源的调研梳理,小王决定以"徽派建筑"为主题来生成宣传图片。讯飞星火认知模型的对话框支持文字输入及语音输入,小王在对话框中输入"生成一幅徽

图7-8　讯飞星火主页

派建筑的宣传图片",所生成的结果,如图7-9所示。注意,因为 AI 画图是随机性的,即便输入同样的文字描述,讯飞星火每次给出的图片也不会完全一致。

图7-9a　输入指令

3. 图片优化

　　小王对第一次生成的图片不是很满意,想要对图片进行优化,在优化时,可以将输入的主题根据图片优化方向进行更详细的描述,也可以使用讯飞星火自带的"指令优化"功能,实现一键优化指令内容。小王把指令优化为"生成一幅具有徽派特色的古建筑的图像。具体要求如下:建筑应具备典型的白墙青瓦马头墙设计。整个画面视野开阔,画风明快且色彩鲜明。在保持图片与实物接近的前提下,加入一些山水背景和几朵荷花,并能够和谐地融入整体的徽派建筑风格中,既展示出古建筑的韵味,也呈现出自然景观的宁静

图 7‐9b　生成图片

之美。"优化后生成的图片,如图 7‐10 所示。可以看出,经过优化,图片更加细腻丰富,生动活泼。由此可见,精确以及更详细的提问可以帮助 AI 更准确地回答用户问题。

小　贴　士

　　除了可以在对话框中直接输入命令生成图片外,还可以使用"星火助手中心"的绘画大师、AI 绘图、趣味小画家、思维导图大师等与绘画相关的功能模块,满足不同的应用场景需求。

图 7‐10　优化提问后生成的图片

4. 图片识别

为了方便做宣传海报,小王需要撰写一些与上述生成图片有关的文字描述,点击"图片"标识上传图片,在对话框中输入"请你详细描述这张图片,包括但不限于主要物体、颜色、形状、背景和任何显著的细节或者特征。如果可以的话,也请提供可能的情境或者故事,以及这些元素如何相互作用来构成整体的画面。"结果如图 7‑11 所示。生成的文字描述如下:这是一张展示中国传统建筑与自然景观的图片。在图片中,我们可以看到一座具有典型东方风格的白墙黑瓦的建筑,其窗户上装饰有红色的窗框,显得十分醒目。建筑前是一片宁静的湖面,湖水中生长着几片巨大的荷叶,它们的颜色为鲜亮的绿色,与湖水形成鲜明的对比。背景是一座模糊的山脉,增添了几分幽静和深远的感觉。整体而言,这张图片传达了一种和谐、宁静与古典之美的氛围。

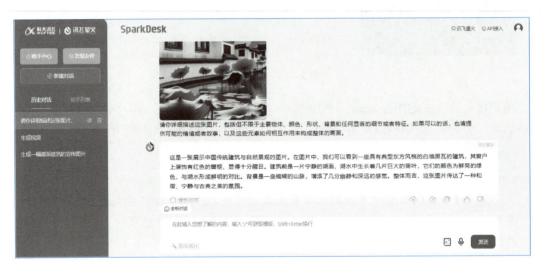

图 7‑11　识别图片内容

●操作视频

生成"徽派建筑"文旅宣传视频

步骤2:生成"徽派建筑"文旅宣传视频

1. 输入关键词或主题生成视频

小王在讯飞星火大模型对话框中输入"制作一个 10 秒的视频介绍徽派建筑,用长发民国风女生形象进行讲解",使用指令优化功能,将上述文字优化为:"请制作一个 10 秒钟的短视频用以介绍徽派建筑。在视频中,我希望看到一个长发女生形象,她穿着民国时期风格的服装,充当导游的角色。请确保视频内容涵盖了徽派建筑的历史背景、主要特点以及其在中国传统建筑中的独特地位。同时,注意视频画面要清晰,配乐与解说应和谐搭配,以增强观众的观看体验。"生成的视频如图 7‑12 所示。

视频用 AI 虚拟的人物形象进行生动的介绍,同时还自动配了文字解说,AI 虚拟人的面部表情、肢体动作都较为丰富。如果想要为视频搭配一个讲解脚本,可以在对话框中追加提问"请为上面的视频搭配一个讲解脚本",结果如图 7‑13 所示。其提供的脚本内容为"探索千年徽韵,感受古建魅力。我是您的导游,将带您领略徽派建筑之美。徽派建筑,以马头墙、精细木雕窗花和独特砖雕著称,是明清时期徽商财富和文化的象征。它

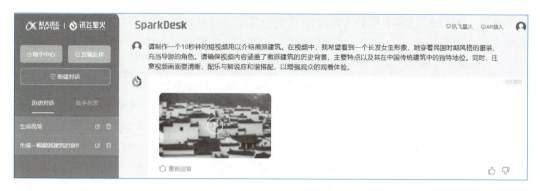

图 7‑12a　输入指令

图 7‑12b　讯飞星火大模型生成的视频

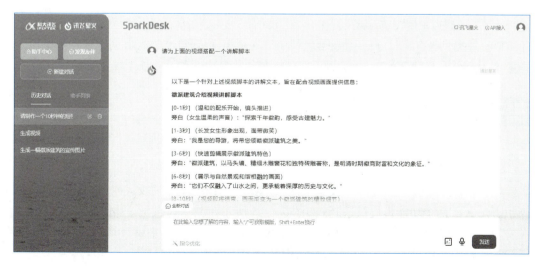

图 7‑13　自动生成视频讲解脚本

235

们不仅融入了山水之间，更承载着深厚的历史与文化。这就是徽派建筑，中国传统建筑艺术的瑰宝。"大模型提供了一个脚本的大致框架，可以在视频配音过程中，为创作者提供灵感。

2. 利用讯飞智作生成更加个性化的视频

小王觉得在讯飞星火大模型生成的视频中，虚拟人的形象较为单一，于是他选择使用讯飞智作来生成视频，从而对视频进行更加个性化的设置。输入网址 https：//peiyin. xunfei. cn/，打开讯飞智作。其中"AI 虚拟主播"功能界面如图 7－14 所示。在"AI 虚拟主播"中生成的视频，虚拟主播能够进行多语言和多方言的视频播报，以满足不同地区对语种的需求。在播报过程中，还可以根据需要选择"停顿""换气""动作模式"等功能，使播报过程更加生动自然。用户还可以根据不同的场景和需求，自主选择虚拟人的形象和风格。系统自带多种模板、背景、前景等，用户可以自由选择，也可以自己上传图片作为视频背景。

图 7－14 "AI 虚拟主播"功能界面

除了"AI 虚拟主播"以外，讯飞智作的"讯飞配音""AIGC 工具箱""形象/声音定制"等功能，还可以实现提供已有素材自动生成视频、视频后期制作、根据自己的需求创建独特的虚拟人物形象、将 word 或 PPT 直接转为视频等功能，使得视频内容创造更加个性化、更有创意。

● 操作视频

利用百度AI
生成图片

【拓展提升】

一、利用百度 AI 生成图片

在"百度智能云"中，选择"文生图大模型"，可以看到有"文心一格"和"Stable-Diffusion-XL"两个功能模块供选择，如图 7－15 所示。其中，"文心一格"是百度推出的 AI 艺术和创意辅助平台，它基于百度的文心大模型，是一个专为中文环境设计的系统，能够深入理解中文用户的语义，非常适合在中文环境下使用和落地。

"Stable-Diffusion-XL"是一个由 Stability AI 开发的模型，它在图像生成的速度和质

图 7–15　"百度智能云"提供的文生图大模型

量上进行了优化,在技术上追求更高的生成速度和图像质量,特别是在生成大尺寸和高质量图片方面有显著的表现。尤其是在实时生成和移动端设备上的扩展方面取得了进展。使用时,"Stable-Diffusion-XL"需要用户具备一定的技术知识,比如了解如何编写和使用提示词来指导图像的生成过程。

1. "文心一格"的 AI 创作功能

在"文心一格"的"AI 创作"对话框中输入想要生成图片的主题,图片类型可以选择"推荐""自定义""商品图""海报""艺术字"等,画面类型可以默认智能推荐,也可以按照需要选择"中国风""插画"等多种主题,同时还可以选择画面比例及每次生成图片的数量,最

图 7–16　文心一格的 AI 创作界面

多可以一次性生成9张图片。

2."文心一格"的 AI 编辑功能

"文心一格"提供了图片扩展、图片变高清、涂抹消除、智能抠图、涂抹编辑、图片叠加六项功能,如图7-17至图7-22所示,具体作用如下:

(1) 图片扩展:用户可以根据需要对图片的边界进行扩展,图片放大而不会显著降低质量。操作时,根据需求设置扩展的参数,比如扩展的方向(水平或垂直)、扩展的比例等,确认参数后,应用扩展效果,系统将根据设置对图片进行扩展。

(2) 图片变高清:用户可以缩小或放大图片尺寸,通过 AI 算法提高图片的清晰度,使画面细节更加清晰。

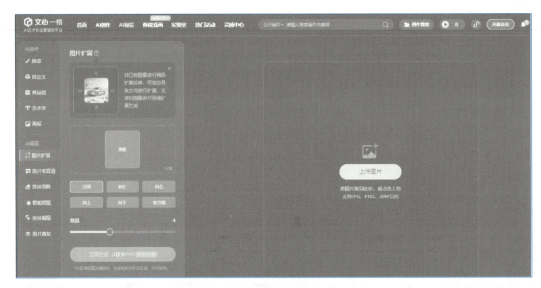

图 7-17 AI 编辑的图片扩展界面

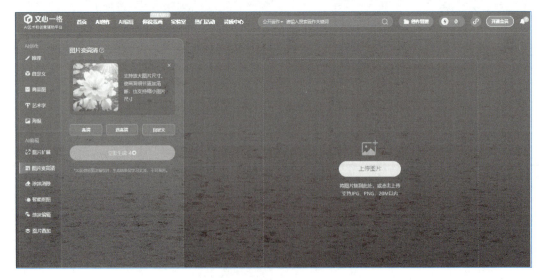

图 7-18 AI 编辑的图片变高清界面

（3）涂抹消除：如果图片中有一些不需要的元素，用户可以使用此功能将其涂抹掉，从而移除这些元素。

（4）智能抠图：用户可以一键抠图 & 替换背景，生成无损透明背景图、不同底色证件照。

（5）涂抹编辑：用户可以通过涂抹的方式对图片进行局部编辑，算法将会按照用户在编辑区输入的内容进行自动重新绘制，调整特定区域的细节。

（6）图片叠加：可以将不同的图片层叠在一起，创造出新的视觉效果。使用时需要调整两张图片的叠加比例，以确定每张图片在最终作品中所占的比重。

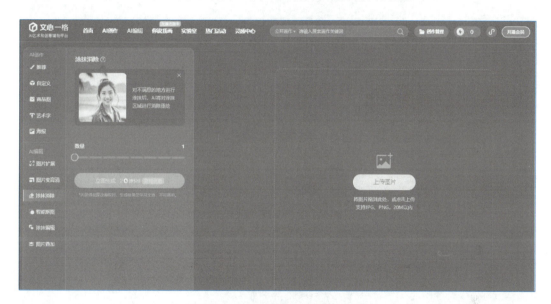

图 7‐19　AI 编辑的涂抹消除界面

图 7‐20　AI 编辑的智能抠图界面

图 7‑21　AI 编辑的涂抹编辑界面

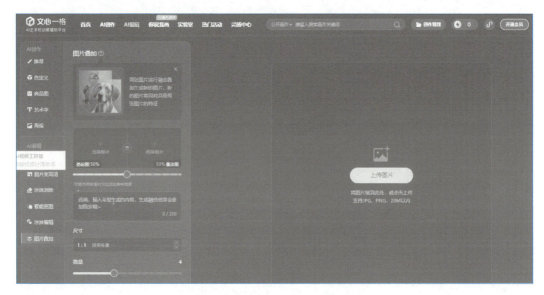

图 7‑22　AI 编辑的图片叠加界面

二、利用百度 AI 生成及编辑视频

1. 视频生成

在浏览器中打开度加创作工具主页，点击"AI 成片"，在对话框中输入想要生成的视频文案，可以利用 AI 助手对文案进行优化，如图 7‑23 所示。输入完成后点击"一键成片"即可生成视频。界面右侧的"热点推荐"里是热点话题展示区。选择一个话题，点击"生成文案"，文案即出现在对话框中，可以对文案进行编辑。

●操作视频

利用百度AI生成及编辑视频

图 7‑23 AI 成片编辑界面

图 7‑24 热点话题一键成片

2. 完善与编辑视频

通过上述操作可以得到一个初步的视频,AI 会根据关键词给生成的视频自动配上标题及字幕,如图 7‑25 所示。生成视频后,利用度加创作提供的工具,可以对视频进行进一步编辑,各部分功能如下:

(1)字幕:用鼠标选中想要修改的字幕,可直接修改。修改字幕后,朗读音会自动同步更新。

(2)素材调整:在素材库中可以进行素材剪裁,方法是选中目标素材,点击"剪裁"即可调整素材大小。剪裁时,只可根据固定比例剪裁画面,不可任意比例,且剪裁完成后,素材画幅不变(不支持改变画幅)。要进行素材替换,可选中想要替换的素材,即可在编辑页左侧"素材库"边栏中进行素材替换,也可上传本地素材。

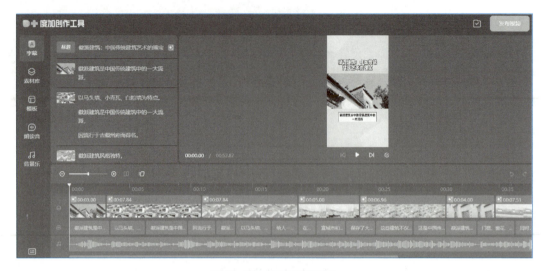

图 7‑25　视频编辑界面

图 7‑26　AI 成片素材库界面

（3）模板替换：度加创作工具提供横、竖多个创作模板，可根据创作者的喜好自行选择。

（4）调节朗读音：选择看板左侧"朗读音"即可选择不同朗读音，还可调整语速、音量等。需注意，朗读音调节后对全部文案生效，不能单独调整某句文案。

（5）背景乐：度加创作工具支持多个背景音乐选择。

3. 视频发布与下载

视频编辑完成后点击"发布视频"，选择"发布到百家号"，如图 7‑27 所示。在发布前，百家号会对视频进行审核。在度加创作工具的"我的作品"中，可查看草稿、审核中的待发布视频及已经发布的视频，如图 7‑28 所示。对于草稿和审核中的视频，可以进一步进行编辑，对于已发布的视频，可以选择下载进行本地保存。

图 7-27　发布视频

图 7-28　"我的作品"界面

习题 7

一、填空题

1. 讯飞星火写作助手是由科大讯飞推出的一款集_____、_____、灵感激发于一体的辅助写作软件。

2. 讯飞星火绘画大师是一款基于人工智能技术的绘画软件,它集成了多种先进的_____和_____,旨在为用户提供一个_____、_____、_____的艺术创作平台。

3. 讯飞星火大模型是基于深度学习的自动生成和处理视频的模型。其采用了深度学习的技术架构,主要包括_____、_____和_____。

二、简答题

1. 简述 AI 的发展史及其应用。
2. 简述讯飞星火认知大模型的基本概念。
3. 简述 AI 进行图片和视频处理的原理。

参考文献

［1］ 王津.计算机应用基础：Windows 10＋Office 2016［M］.5 版.北京：高等教育出版社,2020.

［2］ 张金娜,陈思.信息技术基础项目式教程：Windows 10＋WPS 2019：微课版［M］.北京：人民邮电出版社,2022.

［3］ 张敏华,史小英.信息技术：基础模块：WPS Office：慕课版［M］.北京：人民邮电出版社,2023.

［4］ 高祥永,董玉萍.信息检索与信息素养［M］.北京：电子工业出版社,2023.

［5］ 陈忠,秦宗蓉,陈宇环.人工智能概论与 Python 办公自动化编程［M］.北京：清华大学出版社,2023.

［6］ 史蒂芬·卢奇,萨尔汗·M.穆萨,丹尼·科佩克.人工智能［M］.王斌,王鹏鸣,王书鑫,译.3 版.北京：人民邮电出版社,2023.

［7］ 奥斯瓦尔德·坎佩萨托.人工智能和深度学习导论［M］.刘少俊,方延风,译.北京：人民邮电出版社,2024.

［8］ 王万良,王铮.人工智能应用教程［M］.北京：清华大学出版社,2023.

［9］ 郭晓琳,周荣稳,普吉莉.信息技术［M］.上海：上海交通大学出版社,2023.

郑重声明

高等教育出版社依法对本书享有专有出版权。任何未经许可的复制、销售行为均违反《中华人民共和国著作权法》，其行为人将承担相应的民事责任和行政责任；构成犯罪的，将被依法追究刑事责任。为了维护市场秩序，保护读者的合法权益，避免读者误用盗版书造成不良后果，我社将配合行政执法部门和司法机关对违法犯罪的单位和个人进行严厉打击。社会各界人士如发现上述侵权行为，希望及时举报，我社将奖励举报有功人员。

反盗版举报电话　（010）58581999　58582371
反盗版举报邮箱　dd@hep.com.cn
通信地址　北京市西城区德外大街 4 号　高等教育出版社知识产权与法律事务部
邮政编码　100120